utb 3995

W0247298

Eine Arbeitsgemeinschaft der Verlage

Böhlau Verlag · Wien · Köln · Weimar
Verlag Barbara Budrich · Opladen · Toronto
facultas · Wien
Wilhelm Fink · Paderborn
A. Francke Verlag · Tübingen
Haupt Verlag · Bern
Verlag Julius Klinkhardt · Bad Heilbrunn
Mohr Siebeck · Tübingen
Ernst Reinhardt Verlag · München · Basel
Ferdinand Schöningh · Paderborn
Eugen Ulmer Verlag · Stuttgart
UVK Verlagsgesellschaft · Konstanz, mit UVK/Lucius · München
Vandenhoeck & Ruprecht · Göttingen · Bristol
Waxmann · Münster · New York

Thomas Bieger

Das Marketingkonzept im St. Galler Management-Modell

2., erweiterte Auflage

Haupt Verlag

Thomas Bieger, Prof. Dr., Ordentlicher Universitätsprofessor für Betriebswirtschaftslehre mit besonderer Berücksichtigung des Tourismus, Direktor des Instituts für Systemisches Management und Public Governance der Universität St. Gallen. Co-Leiter des Bereichs Marketing, Dienstleistungs- und Kommunikationsmanagement der HSG (2001–2010), Dekan der betriebswirtschaftlichen Abteilung der Universität St. Gallen (2003–2005). Rektor der Universität St. Gallen seit 2011.

2. Auflage: 2015
1. Auflage: 2013

Bibliografische Information der *Deutschen Nationalbibliothek*
Die Deutsche Nationalbibliothek verzeichnet diese Publikation in der Deutschen Nationalbibliografie; detaillierte bibliografische Daten sind im Internet über http://dnb.dnb.de abrufbar.

Gestaltung: René Tschirren
Einbandgestaltung: Atelier Reichert, Stuttgart

Printed in Germany
www.haupt.ch

UTB-Band-Nr.: 3995
ISBN 978-3-8252-4463-7

Vorwort zur 1. Auflage

Mit dem St. Galler Management-Modell wurde ein umfassender Orientierungsrahmen für das Management von Unternehmen und Organisationen aller Art geschaffen. Innerhalb des St. Galler Management-Modells nehmen die Geschäftsprozesse eine besondere Funktion ein. Sie ermöglichen die eigentliche Kernfunktion, die erst die Existenz eines Unternehmens oder einer Organisation legitimiert. Diese besteht darin, für Dritte, meist gegen Entgelt, Leistungen zu erbringen.

Dieses Buch orientiert sich am St. Galler Management-Modell und fokussiert dabei auf die Geschäftsprozesse. Dabei wird dem Ansatz des Marketingkonzepts als übergreifender Planungs- und Gestaltungsansatz, nicht nur für das Marketing, sondern für die gesamte Geschäftstätigkeit, gefolgt. Der Inhalt dieses Buches bietet damit eine Einführung in das Marketing, aber auch in die Gestaltung von Geschäftsprozessen insgesamt.

Zwei Ziele und damit zwei Zielgruppen werden mit dem vorliegenden Buch angesprochen. Zum einen dient es als Grundlage für die Einführung in die BWL, Teil Marktorientierte Führung an der Universität St. Gallen im ersten Studienjahr. Es deckt die Themengebiete Marketing, Leistungserstellung und Innovation ab.

Gleichzeitig soll es als Grundlagentext für Studium oder Praxis eine breite Öffentlichkeit ansprechen. Es soll als Einführung oder als Aktualisierung von Kenntnissen in den Bereichen Marketing und Leistungserstellung/Leistungsprozess dienen, aber auch das Marketingkonzept als einen seit Generationen von (Marketing) Managern genutzten, pragmatischen Denk- und Handlungsansatz präsentieren.

Die Gliederung des Buches richtet sich nach der gängigen Struktur eines Marketingkonzepts, welche auch die Grundlage für die Gliederung in sechs Vorlesungsblöcke an der Universität St. Gallen bildet:

1. Geschäftsprozesse und Marketingkonzept im St. Galler Management-Modell – eine Einführung

2. Marktanalyse – von einer statischen zu einer dynamischen Sicht

3. Marketingstrategie – von der Marktsegmentierung zur Positionierungsstrategie
4. Marketing Instrumenteneinsatz 1: Produktgestaltung und Leistungserstellung
5. Marketing Instrumenteneinsatz 2: Pricing, Promotion und Distribution
6. Innovation und Controlling – Metaprozesse der Geschäftstätigkeit

Als aktuelles Handbuch für Entscheidungsträger und als Lehrmittel auf Universitätsstufe ist das Ziel des Buches nicht eine maximale Tiefe und die Vermittlung von Detailwissen. Viel mehr stehen Orientierungswissen und die Öffnung von Perspektiven im Denken im Vordergrund. Als Lehrbuch weist es primär auf die wesentlichsten Quellen hin.

Dabei soll auch dem integrativen Ansatz, der an der Universität St. Gallen gepflegt wird, Rechnung getragen werden. Dies erfolgt einerseits durch die Orientierung am St. Galler Management-Modell, aber auch methodisch durch den Einbezug des Ansatzes des vernetzten Denkens im Teil Marktanalyse sowie durch Querbezüge zu anderen disziplinären Fachgebieten, insbesondere zu Ökonomie und Recht.

In Teilen basiert das Buch auf Grundlagen, Konzepten und Textbausteinen des Buches «Einführung in die Managementlehre» von Dubs, Euler, Rüegg-Stürm und Wyss (2009), das als Vorgängerlehrbuch an der Universität St. Gallen eingesetzt wurde und an dem der Autor ebenfalls mitarbeitete. Auch folgende Autoren haben beim Vorgängerbuch im Bereich Geschäftsprozesse mitgearbeitet: Günther Schuh, Thomas Friedli, Torsten Tomczak, Fritz Fahrni und Sven Reinecke.

Für die Abschrift des Manuskriptes danke ich Frau Margareta Brugger, für die Bereinigung und redaktionelle Aufbereitung des Textes sowie der Grafiken meinem Assistenten Samuel Heer und der studentischen Mitarbeiterin Jessica Schulten-Baumer, für die kritische Lektüre meiner Frau Barbara.

Im Mai 2013   *Thomas Bieger*

Vorwort zur 2. Auflage

Für die bereits nach zwei Jahren erforderliche zweite Auflage wurde die Chance genutzt, an den aktuellen Stand der Entwicklung des St. Galler Management Modells anzuknüpfen. Bei der vierten Generation dieses Modells sind der Fokus des Managements, verstanden als reflektive Gestaltungspraxis, die Wertschöpfungssysteme. Entsprechend wurde vor allem das erste Kapitel weitgehend überarbeitet.

Ich danke Samuel Heer für die wertvolle Unterstützung nicht nur bei der Überarbeitung dieses Buches, sondern auch bei unseren Bestrebungen, in der Assessmentstufe der Universität St. Gallen einen an aktuellen Methoden orientierten Unterricht bieten zu können. Ebenfalls danke ich meinen Kollegen o. Univ. Prof. Dr. Johannes Rüegg-Stürm und Assistenzprofessor Dr. Simon Grand für die anregenden Gespräche, die gute Zusammenarbeit und die vielen wertvollen Inputs.

Juni 2015   *Thomas Bieger*

Inhaltsverzeichnis

Abbildungsverzeichnis

1 Geschäftsprozesse und Marketingkonzept im St. Galler Management-Modell – eine Einführung

1.1 Fallstudie LÄDERACH

LÄDERACH – Chocolatier Suisse

Läderach
chocolatier suisse

■ *Vom Spezialisten für den Fachhandel und die gehobene Gastronomie zur Konsumentenmarke*

Die Firma LÄDERACH geht zurück auf eine von Rudolph Läderach Senior 1926 in Netztal GL gegründete Bäckerei. 1962 gründete Rudolf Läderach Junior als Chocolatier einen Betrieb in Glarus. Den Durchbruch schaffte das junge Unternehmen mit einer patentierten Erfindung zur Herstellung dünnwandiger Truffes (Hohlkugeln). Diese Erfindung vereinfachte die professionelle Herstellung von Truffes als Halbfabrikate für Gastronomie und Fachgeschäfte wesentlich bei einer gleichzeitigen qualitativen Verbesserung. Zehn Jahre später erfolgte als erster Schritt ins Ausland die Gründung von Confiseur LÄDERACH GmbH & Co KG in Deutschland. Auch das Exportgeschäft wird aufgenommen.

Im Jahre 2004 hat sich das Unternehmen nach einem Generationenwechsel unter Jürg Läderach zu einer starken Marke im B2B-Bereich, d.h. im Geschäft mit dem Fachhandel und der gehobenen Gastronomie entwickelt. Es stand die Frage an, wie weit das Unternehmen sich ein zweites Standbein als Konsumentenmarke aufbauen soll und kann und ob es sich damit auch im B2C-Geschäft langfristig etablieren soll. Im nachfolgenden fiktiven Geschäftsleitungsdialog, der aus dem Jahre 2003 stammen könnte, werden wesentliche Aspekte dieser Entscheidung sichtbar:

Geschäftsführer:
«Mit unserer heutigen Marktstellung im B2B-Geschäft haben wir eine weitgehende Sättigungsgrenze erreicht. Im Wettbewerb mit anderen Anbietern von Halbfabrikaten im Schokoladebereich stehen wir teilweise in einem Verdrängungswettbewerb. Wir liefern hochwertige Halbfabrikate, insbesondere unsere weltweit beliebten, qualitativ hochstehenden dünnwandigen Truffes-Schalen, an Fachhändler wie Konditoreien oder an die spezialisierte Gastronomie. Diese veredelt dann unsere Produkte zu ‹eigenen› Truffes und

Desserts. Dabei konsolidiert sich der Abnehmer-Markt sukzessive. Immer mehr Konditoreien schließen sich zu größeren Unternehmen zusammen oder werden aufgekauft. Einzelne Hotels integrieren sich immer mehr in Hotelketten, die zentrale Einkaufsabteilungen betreiben. Auf der anderen Seite unserer Wertschöpfungskette sind die auch immer größeren Anbieter von Kakaorohprodukten wie Barry Callebaut, die sich auch zunehmend konsolidieren und eine größere Marktmacht haben. Die Kakaoernten werden zunehmend von internationalen Handelshäusern aufgekauft und sind immer mehr zum Spielball von Rohstoff-Spekulation geworden. Zwischen Kakaoanbietern und Fachhandel eingeklemmt, sind wir mit schrumpfenden Margen konfrontiert. Ein stagnierender Absatzmarkt und schrumpfende Margen sind längerfristig eine Bedrohung für die Entwicklung unseres Unternehmens. Wir müssen uns deshalb ein zweites Standbein schaffen.»

Marketingleiterin:

«Genau vor dieser Entwicklung habe ich seit Jahren gewarnt. Wer heute den direkten Zugang zum Endkunden, d.h. zu den Konsumentinnen und Konsumenten, hat, ist in einer stärkeren Position. Der Endkunde bestimmt schlussendlich, was er kauft und nur wenn wir bei den Konsumentinnen und Konsumenten eine stark verankerte Marke sind, sind wir nicht auswechselbar und können für unsere Qualität auch den angemessenen Preis einfordern. Gebundene, zufriedene, loyale Kundinnen und Kunden, denen wir einen relevanten Kundenwert schaffen, sind denn auch unser wichtigster Vermögensteil, gewissermaßen unser Kundenkapital oder Customer Equity.»

Produktionschef:

«Der Aufbau eines zweiten Standbeins mit einer Produktelinie, die sich direkt an Endkunden richtet, bedeutet auch eine Verlängerung der Wertschöpfungskette. Wir müssten die Produktion umstellen, um konfektionierte Endprodukte wie Pralinen vermehrt selbst produzieren zu können. Dies bedeutet einen massiven Investitionsschub. Außerdem möchte ich die Kollegin Marketingleiterin etwas in ihrer Euphorie bremsen. Auch der Endkundenmarkt ist gesättigt. Im sich immer mehr konsolidierenden Fachhandel stehen wir im Wettbewerb mit etablierten Schokoladenmarken. Im traditionellen Lebensmittelhandel wie Coop und Migros in die Verkaufsregale zu kommen, ist eine große Herausforderung für Marketing und Verkauf.»

Finanzchefin:

«Natürlich sehe ich als Finanzchefin auch die Notwendigkeit, einen Geschäftsbereich aufzubauen, bei dem wir wieder größere Margenspielräume haben. Umgekehrt hat ja bereits schon Kollege Produktionschef auf die Notwendigkeit von großen Investitionen einerseits in den Ausbau von Produkti-

onsanlagen, andererseits in den Aufbau der notwendigen Reputation für eine starke Marke und in den Aufbau der notwendigen Distributionskanäle hingewiesen. Ich möchte aber noch einen anderen Aspekt erwähnen: Wenn wir die Wertschöpfungskette verlängern und quasi an unseren heutigen Abnehmern vorbei an den Endkundenmarkt gelangen, konkurrieren wir unsere heutigen Kunden. Dies könnte der Loyalität unserer heutigen Geschäftskunden abträglich sein und unser bewährtes Standbein zusätzlich unter Druck setzen.»

Geschäftsführer:
«Meine Damen und Herren, ich sehe Ihre Bedenken aus übergeordneter Sicht. Im Interesse, unsere Unternehmung auch erfolgreich in eine nächste Generation führen zu können, möchte ich aber doch den Schritt zum Aufbau eines zweiten Standbeins wagen. Ich sehe dies als notwendigen Schritt, um sich in einem sich immer stärker konsolidierenden, d. h. von größeren Unternehmen geprägten, Markt zu behaupten, die notwendigen Margen zu sichern und unsere traditionellen Kernkompetenzen in der Bearbeitung von Schokolade auszunutzen. Ich möchte deshalb die Marketingleiterin beauftragen, für den Eintritt in den Endkundenmarkt ein Marketingkonzept zu erarbeiten und möchte den Produktionsleiter bitten, uns die notwendigen Konsequenzen in Bezug auf unser Leistungserstellungskonzept und die notwendigen Leistungsinnovationen darzustellen.»

Tatsächlich hat die Firma LÄDERACH im Jahre 2004 den Schritt in den Endkundenmarkt mit dem Kauf der Merkur Confiserie AG vollzogen. Merkur Confiserie AG betrieb damals ein Netz von 41 Spezialgeschäften in der ganzen Schweiz. Damit hatte Läderach die Möglichkeit, über einen starken und gut etablierten Detaillisten direkt an die Endkunden zu gelangen und somit ein effektives Distributionskonzept umzusetzen. Sukzessive wurden die Merkur-Geschäfte als Läderach-Schokoladen-Boutiquen neu positioniert, womit im Sinne von Brand-Stores auch die Marke Läderach beim Endkunden wirksam positioniert werden konnte. Parallel wurden auch die Leistungserstellungsprozesse angepasst, beispielsweise durch die Inbetriebnahme eines neuen Vertriebs- und Dienstleistungszentrums in Bilten GL im Jahre 2006 oder 2012 durch die Eröffnung der Schokoladenfabrik in Bilten. Im Jahre 2012 präsentiert sich die Unternehmung mit einer integrierten Wertschöpfungskette von der Fabrikation von Halbfabrikaten über Konsumentenprodukte bis hin zur Distribution zum Endkonsumenten mit einer starken Marke sowie klar definierten Geschäfts- und Kompetenzfeldern. Das Unternehmen geht bereits in die nächste Generation, in dem Elias Läderach als Konditor-Confiseur in die Produktentwicklung des Familienunternehmens eingestiegen ist und Johannes Läderach nach seinem Master-Abschluss an der HSG im Jahre 2011 ebenfalls in das Unternehmen eintrat.

Reflektionsfragen:

1. Wie bettet sich Läderach in den Wertschöpfungsprozess «Schokolade» ein?

2. Wie erklärt sich die «Grenze» des Unternehmens in der Wertschöpfungskette?

3. Welches sind die wichtigsten Unternehmensziele aus der Sicht des Eigentümers?

4. Welches sind die wichtigsten Voraussetzungen, dass das Unternehmen überlebt und die Ziele des Eigentümers erreicht werden können?

5. Welches sind die Merkmale der bestehenden B2B-Unternehmensstrategie, insbesondere die wichtigsten Eckpunkte bezüglich Zielmarkt, strategischen Ressourcen und Kooperationen?

6. Welches sind die wichtigsten Chancen und Gefahren des Wechsels der Strategie mit dem Aufbau eines zweiten Standbeins?

7. Wie stellt sich die Wertschöpfungskette der Unternehmung bei der alten und bei der neuen Strategie dar?

8. Welches sind die wichtigsten Themen, die beim Wechsel der Strategie bearbeitet werden müssen?

1.2 Wertschöpfungsprozesse, Unternehmen und Management

Ziel jeder menschlichen Anstrengung ist die Generierung von Nutzen. *Nutzen* kann dabei definiert werden als «Fähigkeit eines Gutes, ein bestimmtes Bedürfnis des Konsumenten befriedigen zu können» (Suchanek, Lin-Hi & Piekenbrock, 2015). So spaltet man Holz und zündet ein Feuer an, um das Bedürfnis nach Wärme zu befriedigen.

Der Wert eines Objektes ist definiert durch den daraus zu erwartenden Nutzenstrom. So wird *Wert* definiert als «Ausdruck der Wichtigkeit eines Gutes, die es für die Befriedigung der subjektiven Bedürfnisse besitzt» (Suchanek, Lin-Hi & Piekenbrock, 2015). Spaltet ein Mensch mehr Holz, als er unmittelbar für sein Feuer braucht, und legt er einen Holzstapel an, so schafft er einen ökonomischen Wert. Diesen kann er später für Kochen oder Heizen nutzen, oder auch verkaufen. Komplexere Produkte oder Dienstleistungen erfordern mehrere Stufen der Bearbeitung. So braucht es für Schokoladeprodukte die Produktion von Kakao, den Transport in ein Produktionsland, das Rösten/Schmelzen/Conchieren als eigentliche Schokoladeproduktion, die Konfektionierung im Sinne der Überführung in die Endform (z.B. Tafelschokolade), Verpackung, Transport und Verkauf. Diese Abläufe werden als Wertschöpfungskette (oder -prozess) bezeichnet (vgl. Gutenberg, 1971). Jedes Element einer Wertschöpfungskette lässt sich dabei in einzelne Aktivitäten unterteilen, z.B. Kultivierung von Boden, pflanzen von Kakaobäumen, ernten.

Abb. 1: Beispiel einer Wertschöpfungskette
(Quelle: eigene Darstellung)

Solche Wertschöpfungsprozesse müssen, schon aufgrund der erforderlichen Ressourcen oder Kompetenzen, arbeitsteilig, oft geographisch verteilt, erbracht werden. Kakaoproduktion braucht tropisches Klima, Schokoladeproduktion braucht Milch und Maschinen.

Ein solcher arbeitsteiliger Wertschöpfungsprozess muss organisiert werden (vgl. Weick, 1979: Organisation als Prozess des fortlaufenden Organisierens). Denn es muss aus einem *System*, d.h. aus einer «Menge von geordneten Elementen mit Eigenschaften, die durch Relationen verknüpft sind» (Suchanek, Lin-Hi & Piekenbrock, 2015), wie verschiedenen Kakaoherstellern, Milchproduzenten, Transportmitteln, etc. ein Wertschöpfungsprozess gestaltet werden, der sinnvolle, nutzenstiftende Produkte hervorbringt. Ziel der Organisation ist die zeitüberdauernde, stabile, effiziente und kooperative Integration und Koordination der arbeitsteilig erbrachten Leistungen (vgl. Rüegg-Stürm & Grand, 2015, 74ff).

Dazu braucht es ein «Meta-System» von Kommunikation, Begebenheiten, Entscheidungen und Handlungen (vgl. auch Rüegg-Stürm & Grand, 2014, 78).

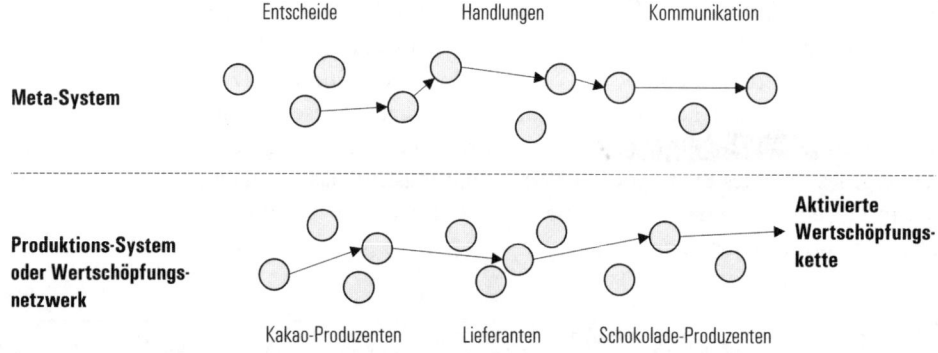

Abb. 2: Wertschöpfungsnetzwerk und Metasystem
(Quelle: eigene Darstellung)

Zwischen den einzelnen Wertschöpfungsstufen bestehen Schnittstellen, oft technische Übergänge. So braucht es für die Schokoladenproduktion und Verpackung andere Maschinen. Diese Aktivitäten können deshalb auch von unterschiedlichen Personen bzw. Organisationen erbracht werden - es ergeben sich Transaktionsschnittstellen und an diesen entstehen Transaktionskosten. Transaktionskosten können dabei definiert werden als Kosten, die durch die Benützung des Marktes entstehen (vgl. Wlliamson & Masten, 1995, 233ff, vgl. auch Kapitel 2.2.1).

Wie eine Wertschöpfungskette auf Organisationen aufgeteilt wird, wie weit die Wertschöpfungstiefe eines Unternehmens reicht, bzw. wieviel einer Wertschöpfungskette sie abdeckt, hängt wesentlich vom Verhältnis Transaktions- versus Organisationskosten ab (vgl. Crew, 1975; Coase, 1937: Theory of the Firm). So würde ein Schweizer Schokoladeproduzent zwar Transaktionskosten sparen, wenn er auch eigene Plantagen besäße, dafür würden die Organisationskosten, wie die Kosten für die Steuerung und Kontrolle von Geschäftseinheiten mit anderer Produktionslogik in Übersee, steigen.

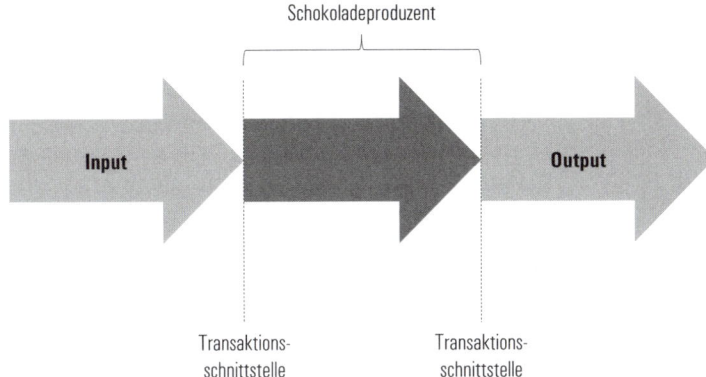

Abb. 3: Transaktionsschnittstelle und Unternehmen
(Quelle: eigene Darstellung)

Unternehmen, aber auch andere produktive Organisationen wie öffentliche Verwaltungen, Kirchen oder Vereine, können als soziotechnische Systeme, die Leistungen für Dritte erbringen, definiert werden (vgl. Rüegg-Stürm, 2003, 20f). Sie sind in diesem Sinne zweckorientiert und schaffen eine Wertschöpfung, die sich als Mehrwert zwischen ihrem Input und Output ergibt. Ein Schokoladeproduzent schafft auf den reinen Kakao zusätzlichen Wert, einen spezifischen Beitrag zur gesamten Wertschöpfungskette (vgl. auch Rüegg-Stürm & Grand, 2014, 79).

Unternehmen, aber auch ganze Wertschöpfungsketten, müssen, wie bereits erwähnt, organisiert, d.h. bewusst gestaltet, werden. Dies kann mit dem generellen Begriff des «Managen» umfasst werden. Die traditionelle Vorstellung von «Managen» kommt im Managementkreislauf nach Fayol zum Ausdruck.

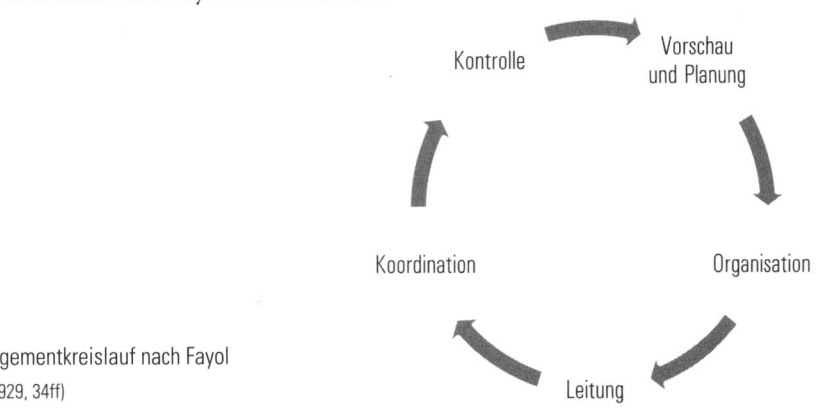

Abb. 4: Managementkreislauf nach Fayol
(Quelle: Fayol, 1929, 34ff)

«Vorschau und Planung» ist als Analyse die Grundlage für Organisation, Leitung und Koordination, auf die dann die Kontrolle folgt. So entsteht ein Ablauf mit Analyse und Zielsetzung. Für die Erreichung dieser Ziele resp. die Überwindung von «Gaps» zwischen Ist-Zustand und Zielen, werden Maßnahmen gesetzt, deren Wirkung dann kontrolliert wird, was zu neuen Zielen führen kann. Hinter dieser Vorstellung von Management steckt ein mechanistisches Verständnis, z.B.

–   dass ein klares Bild von der Ausgangsanalyse besteht. Soziale Erscheinungen wie die Marktakzeptanz einer Unternehmung lassen sich jedoch mit Daten nur annäherungsweise erfassen. Mit einem positivistischen Ansatz (d.h. der Überzeugung, dass sich alles objektiv messen lässt, vgl. Spoun, 2011, 61f) wird man der komplexen Realität von sozialen Systemen wie Unternehmen jedoch nicht gerecht. Vorherrschendes Paradigma, d.h. Grundmodell, in den Sozialwissenschaften ist deshalb der Konstruktivismus. Danach gibt es keine objektive Welt, sondern Menschen «konstruieren» sich aufgrund ihrer Wahrnehmung (z.B. auch über Vorurteile und Gerüchte) zusammen mit anderen Menschen in einem Verständigungsprozess eine «Realität» (vgl. Eberle, 1984).
–   dass es klare Ziele gibt. Häufig gibt es jedoch in einem Unternehmen unterschiedliche Ziele von Abteilungen und Stakeholdern. Oft kann man Ziele auch nicht definitiv festlegen, weil die Zukunft unklar ist.
–   dass Maßnahmen einfach durchgesetzt werden können. Oft müssen jedoch Maßnahmen ausgehandelt werden, oft können sie nicht einmal in Hierarchien einfach befohlen werden.

Bereits in der ersten Generation des St. Galler Management Modells wurde deshalb Management als Gestalten, Lenken und Entwickeln sozialer Systeme (Ulrich & Krieg, 1972) beschrieben. Die vierte Generation versteht Management als reflektive Gestaltungspraxis (vgl. Rüegg-Stürm & Grand, 2015). Es gilt, gemeinsame Auffassungen zu erreichen, sich auf Ziele zu einigen und Überzeugungen für die Notwendigkeit von Maßnahmen zu gewinnen.

Ein Unternehmen handelt in einer Umwelt. Dazu gehören das wirtschaftliche Umfeld (Lieferantenbeziehungen, Nachfrage, Märkte), das gesellschaftliche/politische Umfeld (lokale Kultur, politische Interessen, daraus ergebenden Rechtsrahmen), und das natürliche Umfeld (natürliche Ressourcen, Lage, etc.). Im St. Galler Management Modell wird

Umwelt verstanden als «der für eine Organisation existenzrelevante Möglichkeits- und Überlebensraum» (vgl. Rüegg-Stürm & Grand, 2015). Darin muss ein Unternehmen seine organisationsspezifische Ressourcenkonfiguration entwickeln. Dazu gehören beispielsweise bei einem Biotech-Unternehmen der Zugang zu einer regionalen Universität und der Austausch mit einem Lieferanten-Netzwerk, das den Zugang zu neuen Technologien erlaubt.

Da sich das Umfeld laufend verändert, z.B. die Bedürfnisse von Kundinnen und Kunden, muss ein Management eine zweifache Aufgabe lösen: Einerseits eine bestimmte Wertschöpfung möglichst gut und günstig, d.h. effektiv und effizient erbringen – was Standardisierung und Stabilisierung erfordert. Andererseits muss es laufend auf Umfeldveränderungen reagieren und sich erneuern – was Differenzierung, Aufbrechen von Routinen und Wandel erfordert. Da bestehen oft Konflikte: Ein Unternehmen, das statisch effizient ist und heute die beste Schokolade herstellt, kann dynamisch ineffizient sein, wenn es Trends verpasst.

Zur Umwelt gehören auch die Anspruchsgruppen (Stakeholders). Ein Unternehmen kann nur überleben, wenn es bei allen Anspruchsgruppen legitimiert ist und als attraktiv angesehen wird, so dass diese weiter im Unternehmen zusammenwirken. Verlieren beispielsweise die Kapitalgeber gegenüber einem Unternehmen das Vertrauen und ziehen ihr Geld zurück, geht das Unternehmen in Konkurs oder wird an einen neuen Eigentümer verkauft. Ein Unternehmen, das das Vertrauen der Mitarbeiterinnen und Mitarbeiter verletzt, hat Rekrutierungsprobleme auf dem Arbeitsmarkt und wird allenfalls sogar bestreikt. Klar ist auch, dass ein Unternehmen ohne Kundinnen und Kunden keine Erlöse erzielen kann.

Wie erwähnt unterliegt ein Unternehmen laufend neuen Herausforderungen durch Änderungen in den verschiedenen Umwelten und Stakeholdern. Beispielsweise verändern rechtliche Rahmenbedingungen die Ressourcen eines Unternehmens, wenn durch eine Zonenplanänderung Grundstücke im Unternehmensbesitz als Bauzone eingezont und damit wertvoller werden. Ein gesellschaftlicher Wertewandel kann dazu führen, dass Produkte auf eine geringere Nachfrage stoßen oder sogar als ethisch bedenklich eingestuft werden - was bei bestimmten noch in den 60er-Jahren breit akzeptierten Genussmitteln heute der Fall ist. Oder die Globalisierung der Märkte führt dazu, dass neue Konkurrenten eintreten und sich eine Unternehmung neu positionieren muss.

Eine Unternehmensleitung steht deshalb dauernd vor neuen Herausforderungen und muss in einem Strom von Ereignissen kommunizieren, reflektieren, überzeugen, stabilisieren, intervenieren und Entscheide treffen. Im oben dargestellten Beispiel ist die Firma LÄDERACH mit der Konsolidierung, den Konzentrationsprozessen des Abnehmermarkts und des Fachhandels konfrontiert und steht somit vor einem erhöhten Margendruck. Es ergeben sich Entscheidungsnotwendigkeiten zur strategischen Ausrichtung, zu Märkten, Produkten und Produktionsweisen. Dafür braucht es Bearbeitungsformen, beispielsweise die beschriebene Geschäftsleitungssitzung. Legitimation der Entscheidungsgremien, aber auch Ressourcen wie Informationen sind Grundlage für die Entscheidungsfähigkeit.

1.3   Einbettung der Geschäftsprozesse in das St. Galler Management-Modell

Um diese komplexen Zusammenhänge zwischen Wertschöpfung, Organisation und Management zu ordnen, übersichtlich darzustellen und um allen an Unternehmensentscheiden beteiligten Akteuren einen Orientierungsrahmen bieten zu können, werden Management-Modelle entwickelt. Grundsätzlich kann ein *Modell* verstanden werden als vereinfachtes Abbild einer komplexen Realität (Gomez, 1981, 87; Schwaninger, 2009, 53). Ein Management-Modell macht Managementvorgänge systematisch greifbarer und lässt Management dabei zu einer «kritisierbaren und optimierbaren Realität» werden (Rüegg-Stürm & Grand, 2013, 4). Es bietet ein Bezugssystem für die Reflexion und ist Grundlage für den gemeinsamen konzeptionellen Austausch beispielsweise in Leitungsteams. Es offeriert Strukturen und Sichtweisen als Orientierung der Management-Praxis und stärkt damit die Entscheidungs-, Handlungs- und Entwicklungsfähigkeit einer Organisation (Rüegg-Stürm & Grand, 2013, 2ff).

Jedes Modell bildet immer nur einen Ausschnitt der Realität aus einer bestimmten Perspektive ab. Ein Modell ist wie eine Landkarte, die erst ihren Wert gewinnt, in dem man vereinfacht, abstrahiert und so Übersicht schafft. Eine Wanderkarte enthält andere Elemente als eine Luftfahrtkarte. In diesem Sinne ist das *St. Galler Management-Modell* ein formales Orientierungsmodell, das sich vor allem auf die Zielsetzung ausrichtet, den Entscheidungsträgern in einem Unternehmen eine Orientierung bei ihrer Arbeit, ein «Leerstellengerüst für Sinnvolles» (vgl. Ulrich & Krieg, 1972) zu bieten und damit den «Prozess der kollektiven Erwartungsbildung und Verständigung zur aktuellen Situation und zu möglichen zukünftigen Entwicklungsperspektiven» zu fördern (Rüegg-Stürm & Grand, 2013, 7; vgl. aber auch Ulrich, 1968; zum St. Galler

Managementmodell Bleicher, 1991, 302ff; Rüegg-Stürm, 2003; Rüegg-Stürm & Grand, 2013; H. Ulrich, 1968; zu Unternehmensmodellen Bartak, Little, Manzano, & Sheahan, 2010, 121).

Die Herausforderungen im Management verändern sich, insbesondere getrieben durch sozioökonomische Entwicklungen wie die Deregulierung und Öffnung von Märkten, aber auch durch technologische Entwicklungen, die neue Formen der Arbeitsteilung ermöglichen. Heute werden Unternehmen immer größer und Geschäftsmodelle arbeitsteiliger (Bieger, Knyphausen-Aufsess, & Krys, 2011, 14ff). Die Aufrechterhaltung der Entscheidungsfähigkeit, die Balance zwischen Integration (z.B. die Fokussierung der Strategie auf gemeinsame Stärken) und Differenzierung (z.B. Entwicklung dezentraler Plattformen, als unternehmerische weitere Ausdifferenzierung der Arbeitsprozesse im Prozess zunehmender Arbeitsteilung) werden damit immer schwieriger und wichtiger. Auch konfigurieren sich Unternehmen entlang der Wertschöpfungsketten immer wieder neu, es braucht im Zeitalter des flexiblen Outsourcing auch ein dynamisches Verständnis von Unternehmensgrenzen. Das St. Galler Management-Modell der 4. Generation betont deshalb diese Themen (vgl. Rüegg-Stürm & Grand, 2015). Im Vordergrund steht die reflektive Gestaltung kollektiver, arbeitsteiliger Wertschöpfungssysteme (vgl. Abb. 5).

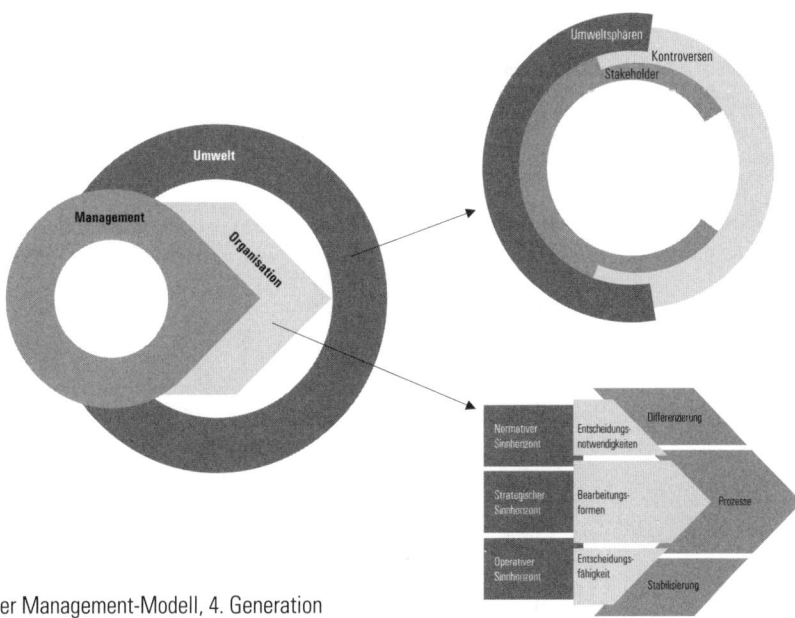

Abb. 5: St. Galler Management-Modell, 4. Generation
(Quelle: Rüegg-Stürm & Grand, 2015)

Konkret beinhaltet das Modell der vierten Generation drei Schlüsselkategorien: Umwelt (verstanden als Möglichkeitsraum), Organisation (als Wertschöpfungssystem) und Management (als reflektive Gestaltungspraxis). Die nachfolgende Einführung in die marktorientierte Führung des Unternehmens orientiert sich am St. Galler Management-Modell der vierten Generation. Im Vordergrund stehen die Umwelt, mit Fokus auf Anspruchsgruppen wie Vorleister- und Abnehmermärkte, sowie die Organisation des Wertschöpfungssystems mit Kundenprozessen, Leistungsprozessen und Innovationsprozessen.

1.3.1 Anspruchsgruppen

Eine Unternehmung (als zweckorientiertes, produktives soziales System, vgl. Ulrich, 1968) kann nur existieren, wenn alle relevanten Stakeholders (*Anspruchsgruppen*) mitwirken. Diese bilden einen primären Orientierungsrahmen für das Management und sind deshalb auch im äußeren Kreis verschiedener Generationen des St. Galler Management-Modells dargestellt worden (vgl. Bleicher, 1994; Rüegg-Stürm, 2003). Anspruchsgruppen werden in der 4. Generation als «organisationsrelevante Repräsentanten unterschiedlicher Umweltsphären bzw. Diskurse» verstanden (vgl. Rüegg-Stürm & Grand, 2014, 56).

Für eine Unternehmung wie LÄDERACH sind neben *Lieferanten,* wie beispielsweise Kakaohersteller, und *Kunden,* in der alten Strategie die Gastronomiebetriebe und der Fachhandel, vor allem die *Mitarbeitenden,* die oft eine langjährige Bindung zum Unternehmen haben und Teil seiner Kernkompetenz ausmachen, wichtige Anspruchsgruppen. Daneben sind Unternehmen insbesondere in strategischen Investitionsphasen auf *Kapitalgeber* wie Drittaktionäre oder Banken angewiesen. Für den Bau von neuen Produktionsanlagen braucht es staatliche Bewilligungen, weshalb die Beziehungen zum *Staat,* aber auch zu *Medien* und *Non-Government-Organisations* (NGOs) wie Umweltschutzorganisationen von Bedeutung sind. *Mitbewerber* spielen eine Rolle als Konkurrenten und/oder Kooperationspartner. *Koopetition* bezeichnet dabei einen Zustand, bei dem mit einem anderen Unternehmen eine Kooperation eingegangen wird, obwohl man in anderen Märkten gleichzeitig Konkurrenz ist (vgl. Padula & Dagnino, 2007, 36f). Beispielsweise bestünde eine Koopetition, wenn die Firma LÄDERACH mit einem anderen Halbfabrikatehersteller im Schokoladebereich kooperiert, indem beide in einer Branchenorganisation gemeinsam auf die Weiterentwicklung von staatlichen Regulierungen Einfluss nehmen, aber gleichzeitig miteinander weiterhin im Abnehmermarkt in Konkurrenz stehen.

Als Kerngruppe eines Unternehmens ist es Aufgabe des Managements, den Zusammenhalt des Unternehmens, respektive den Zusammenhalt der verschiedenen Anspruchsgruppen und deren weitere Teilnahme am Unternehmen zu sichern (vgl. Abb. 6; vgl. Rüegg-Stürm, 2009, 70) um dadurch den Zugang zu den Potentialen der verschiedenen Umwelten zu sichern, beispielsweise über Lieferanten zur Technologie. Als Gegenleistung für die weitere Teilnahme am Unternehmen kann das Management den Anspruchsgruppen

–   Teilhabe an der Wertschöpfung (bspw. Löhne an Mitarbeiter, Zinsen an Kapitalgeber, Mitgliederbeiträge an NGO's, Dividenden an Aktionäre, Steuern an den Staat),

–   Teilhabe am Image (bspw. wenn ein Unternehmen als wichtige Marke zur Attraktivität eines Standortes beiträgt) oder

–   Teilhabe an der Weiterentwicklung und am Kompetenzaustausch (bspw. wenn mit Konkurrenten eine gemeinsame Branchenforschungsstelle betrieben wird) anbieten.

Abb. 6: Anspruchsgruppen einer Unternehmung

Wie bereits erwähnt, haben Anspruchsgruppen je nach Kontext unterschiedliche Bedeutungen. In einer Wachstumsphase stehen Mitarbeitende bzw. der Personalmarkt im Vordergrund, in einer Start-up Phase vielmehr der Abnehmermarkt.

1.3.2   Umweltsphären

Im St. Galler Management Modell der vierten Generation wird *Umwelt* verstanden als der «für eine Organisation existenzrelevante Möglichkeits- und Umweltraum» (vgl. Rüegg-Stürm & Grand, 2015). Klassische Umweltsphären sind die *natürliche* Umwelt, die *gesellschaftliche* Umwelt und die *wirtschaftliche* Umwelt (vgl. Bleicher, 1994; vgl. auch die drei Dimensionen der Nachhaltigkeit u.a. im Brundtland-Bericht, Hauff, 1987a; Littig & Grießler, 2004). In neuester Zeit haben sich wichtige Teilbereiche dieser Umweltsphären ausdifferenziert bzw. verstärkt, beispielsweise die Bereiche *Politik* und *Recht* als Teil der gesellschaftlichen Umwelt. Die normative Umwelt in Form von *Ethik* sowie die *Technologie* haben sich zunehmend zu eigenständigen Umweltsphären entwickelt. *Wissenschaft, Märkte* und *Öffentlichkeit* sind wichtige Schnittbereiche der traditionellen drei Umweltsphären (vgl. Rüegg-Stürm, 2003, 27).

Ein Unternehmen bzw. jede Organisation muss aus der Umwelt als Möglichkeitsraum relevante organisationsspezifische Ressourcenkonfigurationen erschließen und damit unternehmerische Möglichkeiten und Potentiale ableiten (vgl. Rüegg-Stürm & Grand, 2015; 2014, 42; Teece, Pisano & Shuen, 1997; Shane, 2003; Conner & Prahalad, 1996). In der natürlichen Umwelt kann die Aussichtslage eines Hotels eine Ressource sein, die Potentiale schafft, Sight Seeing Touristen aus Übersee anzuziehen. In der wirtschaftlichen Umwelt sind gebundene und zufriedene Stammkunden eine Ressource, bei denen sich das Potential für Wiederkäufe und oder Mund-zu-Mund Werbung einschließen lässt.

Eine *Umweltanalyse* (vgl. auch Chancen-/Gefahren-Analyse, Kap. 2.4) ist generell darauf ausgerichtet, Potentiale, aber auch Gefährdungen (z.B. Aufkommen eines neuen Konkurrenten) in den verschiedenen Umweltsphären zu identifizieren. Dabei sind die Umwelten je nach Kontext und Problemlage bzw. Ziel des Unternehmens unterschiedlich relevant. Bei marktorientierter Führung geht es vor allem um die wirtschaftliche Umwelt, insbesondere um Nachfragermärkte und Lieferantenmärkte.

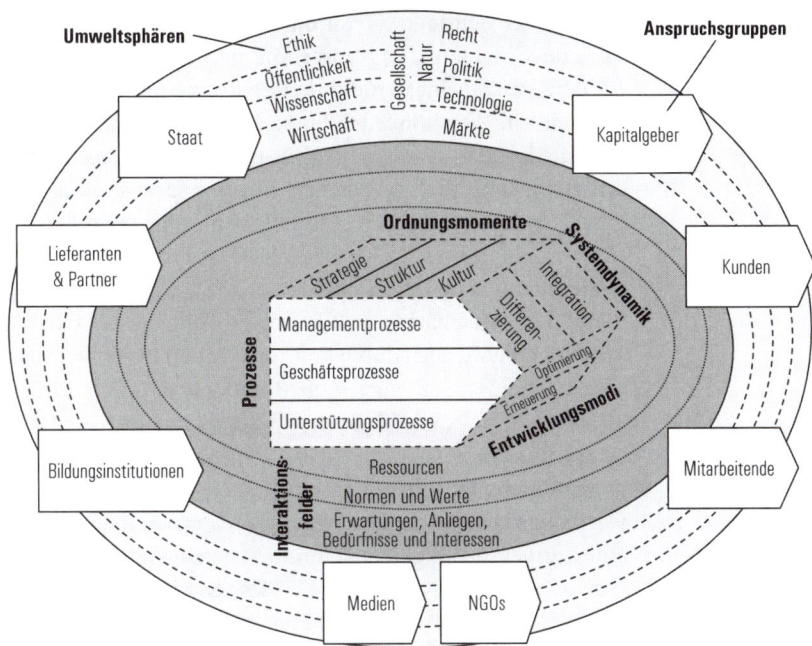

Abb. 7: St. Galler Management-Modell, 3. Generation mit Umweltsphären
(Quelle: Dubs, Euler, Rüegg-Stürm & Wyss, 2009, 70)

1.3.3 Umwelten und Nachhaltigkeit

Thema und Ziel einer Unternehmensentwicklung ist heute explizit oder implizit immer auch die *Nachhaltigkeit*. Dabei kann eine nachhaltige Entwicklung als eine Entwicklung definiert werden, «die es den heute lebenden Menschen ermöglicht, ihre Bedürfnisse zu befriedigen, ohne die Entwicklungsmöglichkeiten zukünftiger Generationen zu schmälern» (Brundtland-Bericht, 1987, 24; Übersetzung nach Hauff, 1987b). Eine nachhaltige Entwicklung zeichnet sich demnach dadurch aus, dass sie nicht mehr Ressourcen verbraucht als sie generiert, beziehungsweise wieder regeneriert werden können (vgl. auch Ekardt, 2011; Schmidheiny, 1992). Nachhaltigkeit ist in diesem Sinne ein intergeneratives Konzept. Dabei geht es darum, dass nachfolgende Generationen nicht weniger, sondern idealerweise mehr Ressourcen und Handlungsoptionen zur Verfügung haben. Im Sinne einer *Triple-Bottom-Line* (vgl. Savitz & Weber, 2006, 177) wird heute Nachhaltigkeit vor allem auf die drei Hauptumweltsphären Wirtschaft, Gesellschaft und Natur bezogen.

Bei der Beurteilung von unternehmerischen Projekten muss häufig eine Güterabwägung vorgenommen werden. Beispielsweise muss für den Ausbau eines Produktionszentrums im Bereich der natürlichen Umwelt eine Ressourceneinbusse in Kauf genommen werden (Land das für den Bau benötigt wird), um gleichzeitig im Bereich der wirtschaftlichen Umwelt (vermehrte Wertschöpfung) und im Bereich der gesellschaftlichen Umwelt (zusätzliche berufliche und kulturelle Entfaltungsmöglichkeiten für Mitarbeitende und damit für die Region) Werte schaffen zu können. Diese Interessenabwägung zwischen den verschiedenen Umweltsphären ist nicht zuletzt Aufgabe der Öffentlichkeit und Politik und wird auch durch kulturell geprägte Werthaltungen und Normen beeinflusst (vgl. auch Abb. 8 und u.a. Brundtland-Bericht; Hauff, 1987b). *Social Responsible Leadership* (häufig auch als CSR, Corporate Social Responsabilty) kann dabei definiert werden als eine nachhaltige Unternehmensführung mit dem Ziel eines Ausgleichs zwischen den werthaften Ansprüchen interner und externer Stakeholder im Kontext einer zunehmend globalen und vernetzten Stakeholder-Gesellschaft (vgl. auch Maak, 2007, 329-243; Pless & Maak, 2008, 236). Social Responsible Leadership im Sinne eines verantwortungsvollen Handelns setzt voraus, dass die Wirkungen des Handels einer Unternehmung auf verschiedene Umweltbereiche erkannt, im Sinne einer Gesamtabwägung beurteilt und in Handlungskonsequenzen überführt werden.

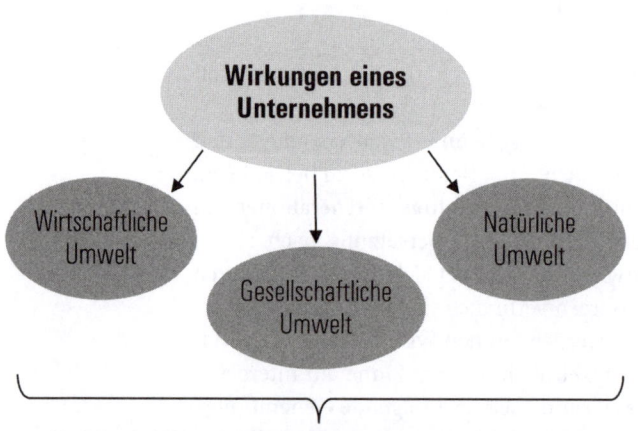

Abb. 8: Triple-Bottom-Line

1.3.4 Sinnhorizonte

Management im Sinne einer reflektiven Gestaltungspraxis wird klassicherweise (vgl. auch St. Galler Management Modell 3. Generation in Abb. 7) auf drei *Sinnhorizonte* bezogen: den normativen, den strategischen und den operativen Sinnhorizont (vgl. Abb. 9; Bleicher, 1994, 43ff). Jede dieser Ebenen hat eine andere Tiefe der Umweltanalyse (es geht um andere «Reichweiten» der Potentiale, Ziele und auch Zuständigkeit).

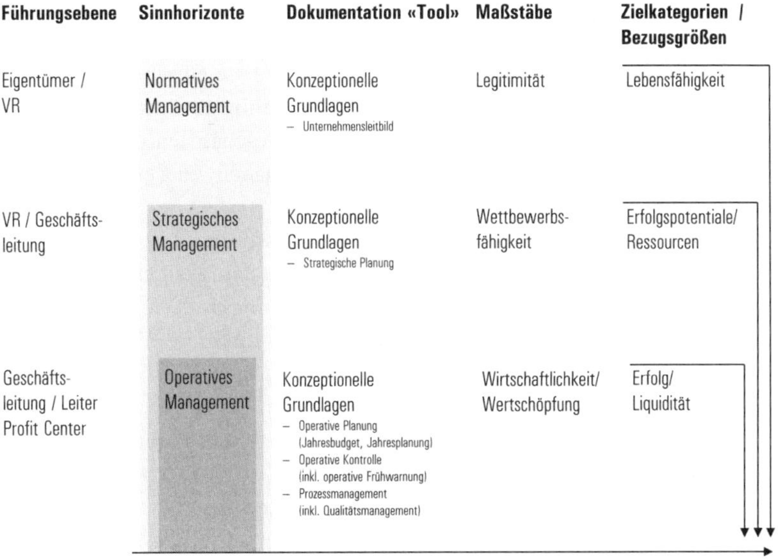

Führungsebene	Sinnhorizonte	Dokumentation «Tool»	Maßstäbe	Zielkategorien / Bezugsgrößen
Eigentümer / VR	Normatives Management	Konzeptionelle Grundlagen – Unternehmensleitbild	Legitimität	Lebensfähigkeit
VR / Geschäftsleitung	Strategisches Management	Konzeptionelle Grundlagen – Strategische Planung	Wettbewerbsfähigkeit	Erfolgspotentiale/ Ressourcen
Geschäftsleitung / Leiter Profit Center	Operatives Management	Konzeptionelle Grundlagen – Operative Planung (Jahresbudget, Jahresplanung) – Operative Kontrolle (inkl. operative Frühwarnung) – Prozessmanagement (inkl. Qualitätsmanagement)	Wirtschaftlichkeit/ Wertschöpfung	Erfolg/ Liquidität

Abb. 9: Inhalte der drei Sinnhorizonte

(Bieger, 2007, 61; ergänzt nach Espejo, Schuhmann, Schwaninger, & Bilello, 1996, 230; Pümpin & Prange, 1991; Schwaninger, 1990, 50)

Das *normative Management* befasst sich mit Fragen der langfristigen Unternehmenszielsetzung, der Werte und Normen, die das Handeln im Unternehmen prägen sollen, sowie mit dem tiefer liegenden Unternehmenszweck, den das Unternehmen in der Gesellschaft und der Wirtschaft erfüllen soll (vgl. Bleicher, 2004, 157ff). Verantwortlich dafür sind die Eigentümer im Sinne einer Eigentümer-Strategie respektive der Verwaltungsrat. Zusammengefasst werden die Entscheide des normativen Managements oft in einem sogenannten Unternehmensleitbild. Zielsetzung ist die Sicherstellung der längerfristigen Legitimität des Unternehmens, d.h. dass es von den relevanten Anspruchsgruppen immer noch als notwendig und sinnvoll angesehen wird und damit überleben kann.

Das *strategische Management* wird häufig im Schnittpunkt zwischen Verwaltungsrat und Geschäftsleitung gestaltet. Dabei bestehen Unterschiede je nach Corporate Governance Tradition eines Landes (vgl. auch Berger & Steger, 1998, 137; Hill, 1985). In Deutschland ist der Aufsichtsrat traditionell nicht ein Gestaltungsrat, der die Strategie mitprägt und an den Diskussionen aktiv teilnimmt. In diesem System (dualistisches Corporate Governance-System) mit einer klaren Trennung zwischen Aufsicht und Gestaltung wird die Strategiebildung vor allem durch die Geschäftsleitung geprägt. In der Schweiz hingegen liegt die Verantwortung für die oberste Geschäftsführung und damit auch für die Strategie beim Verwaltungsrat (monistisches System). Er kann einzelne Aufgaben an eine Geschäftsleitung delegieren, hat aber klar definierte unentziehbare Aufgaben, zu denen auch die Gestaltung der Strategie gehört.

Ziel jeder Unternehmensstrategie ist die Erhaltung der Wettbewerbs- und damit Entwicklungsfähigkeit eines Unternehmens. Sie richtet sich deshalb auf die Sicherung und Weiterentwicklung von Erfolgspotentialen aus. Diese können im Sinne einer *Inside-Out-Perspektive* in Form von internen Ressourcen (z.B. Kernkompetenzen) oder im Sinne einer *Outside-In-Perspektive* in Form von externen Ressourcen, die in der Umwelt erschlossen werden (z.B. positives Image einer stark verankerten Marke) bestehen.

Mit dem *operativen Management* befassen sich die Handlungsträger aller Stufen im Unternehmen. Ziel ist die Wirtschaftlichkeit, respektive die Sicherung einer ausreichenden Wertschöpfung. Zielgrößen sind dabei primär Erfolg und Liquidität respektive Cash-Flow, aber auch je nach Funktion Subziele wie die Optimierung des Lagerbestandes. Wichtige Planungsinstrumente sind die Budgetplanung oder auch das Prozess-Management, beispielsweise für die effizienzorientierte Steuerung der Leistungserstellung oder Produktion, aber auch Marketingpläne für den optimalen Einsatz und die Abstimmung der Marketinginstrumente.

1.3.5   Geschäftsprozesse im St. Galler Management-Modell

Ein *Unternehmen* kann als «zweckorientiertes», «soziotechnisches» System definiert werden, das gegen Entgelt Leistungen für Dritte generiert (vgl. auch Rüegg-Stürm, 2003, 20f, in Anlehnung an; P. Ulrich, Hill, & Fehlbaum, 1994, 20ff). Als Elemente des Systems Unternehmung generieren Menschen mit Maschinen in einem Prozess Leistungen und vermarkten diese so, dass ein Mehrwert entsteht, der für die Entschädigung der Anspruchsgruppen für ihre Mitwirkung bzw. für die Abgeltung der verwendeten Ressourcen zur Verfügung steht. Ohne Geschäftsprozesse generiert das Unternehmen keinen Mehrwert und kann deshalb auch seine Anspruchsgruppen nicht entschädigen respektive für eine weitere Mitwirkung motivieren. Verschiedene Autoren bezeichnen deshalb die Geschäftsprozesse auch als primäre Prozesse (vgl. u.a. Porter, 1986, 62). Den zentralen Gestaltungsfokus von Management in der Praxis bildet die organisatorische Wertschöpfung (Rüegg-Stürm & Grand, 2015). Bereitstellung von Infrastruktur, Personalwesen oder Finanzen ermöglichen und unterstützen Geschäftsprozesse und können als Unterstützungsprozesse verstanden werden (vgl. Abb. 10). In diesem Sinne können Geschäftsprozesse graphisch im St. Galler Management-Modell 3. Generation als Verbindung zwischen Lieferanten/Partner und Kunden dargestellt werden (vgl. Abb. 7).

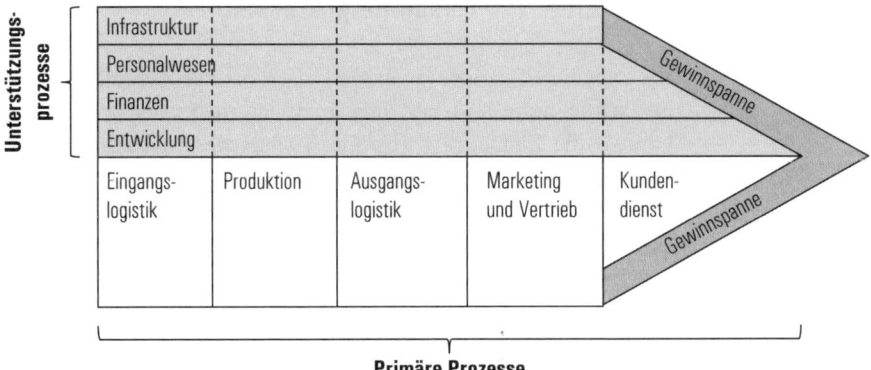

Abb. 10: Die primären Prozesse bzw. Geschäftsprozesse nach Porter
(Quelle: in Anl. an Porter, 1986, 62)

Ein *Prozess* kann definiert werden als ein «Bündel von Aktivitäten, die eine oder mehrere Arten von Input beanspruchen und einen Output mit einem Wert für einen Kunden generieren» (Hammer & Champy, 1995, 50). Der Input wird von Lieferanten direkt oder auf Vorleistungsmärkten bezogen, der Output an Märkte oder Kunden direkt geliefert. Dabei ist es insbesondere entscheidend, Entwicklungen und Veränderungen nicht zu verpassen, weshalb das Management immer auch sekundäre Beschaffungsmärkte und sekundäre Absatzmärkte im Auge haben muss. So hat man im obigen Beispiel bei der Firma Läderach besonders auch die Rohwarenmärkte für Schokolade als Einflussfaktoren zu beachten, genauso wie die Kunden des Fachhandels, z.B. die Käufer von Pralinen in Konditoreien, gewissermaßen als Kunden der Kunden mit einzubeziehen sind (vgl. Abb. 11).

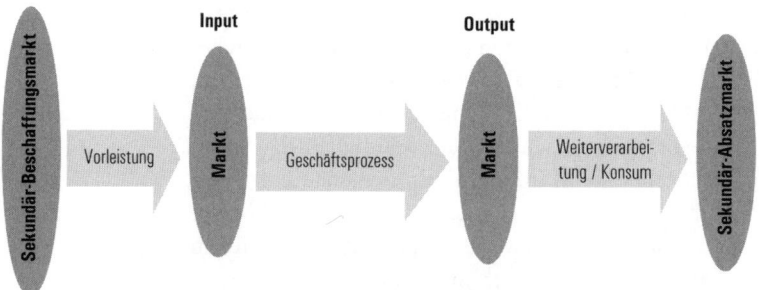

Abb. 11: Geschäftsprozess und Märkte

1.4 Ziele von Geschäftsprozessen

Als primäre Prozesse tragen Geschäftsprozesse wesentlich zum Erfolg und schließlich zum Überleben einer Unternehmung bei. Entsprechend können die Zielbeiträge von Geschäftsprozessen auch nach den verschiedenen Sinnebenen des Managements strukturiert werden.

So stellt sich auf der *normativen* Ebene die Frage, welchen Sinn die Leistungen einer Unternehmung für die Gesellschaft hat. Werden die Leistungen, die durch die Geschäftsprozesse bereitgestellt werden, als nicht mehr sinnhaft angesehen, so verliert die Unternehmung ihre Legitimität und damit die Unterstützung von Anspruchsgruppen beispielsweise auch staatliche *Konzessionen*. In der Schweiz ist beispielsweise der Fall eines Freizeitparks bekannt. Dieser hatte als wesentliche Attraktion ein Delphinarium. Im Nachgang zum Tod von zwei Delphinen ergab sich in der Öffentlichkeit und in der Politik eine Debatte zur Haltung von Meeressäugetieren in derartigen Parks. Im Laufe dieser Debatte wurde der Attraktions- und Bildungsnutzen im Verhältnis zu den Werten einer artgerechten Tierhaltung als geringer eingestuft, so dass verschärfte Vorschriften, die zum Verbot der Haltung von Delphinen führten, beschlossen wurden. Das Unternehmen hat durch den Verlust der wahrgenommenen Legitimität ein staatliches Verbot eines Teils seiner Aktivitäten in Kauf nehmen müssen.

Auf *normativer* Ebene müssen Primärwertschöpfung (d.h. erbrachte Leistungen wie produzierte Nahrungsmittel oder bei einer Partei die Durchsetzung politischer Interessen) und Zusatzwertschöpfung (z.B. Beitrag der Organisation zum Image eines Standortes) beachtet werden.

Auf *strategischer* Ebene geht es um die Beiträge von Geschäftsprozessen bei der Erschließung von Ressourcen wie z.B. Generierung neuer Kompetenzen (interne Ressourcen) oder Erschließung und Sicherung von Marktpositionen, beispielsweise in Form von Image auf Zielmärkten (externe Ressourcen).

Auf der *operativen* Ebene geht es insbesondere auch um Ziele, die sich direkt oder indirekt in finanzwirtschaftlichen Größen ausdrücken. Grundlage für Erträge eines Unternehmens oder einer Organisation ist, dass für Kunden ein Nutzen (Customer Value), ein sogenannter Kundenwert, erzeugt wird, der dann zu Zahlungsbereitschaft beim Kunden und somit zu Erträgen beim Unternehmen führt. Sei dies eine direkte Entschädigung in Form von Verkaufserlösen oder eine indirekte Entschädigung in Form beispielsweise von Subventionsbeiträgen bei einer Leistung mit öffentlichem Charakter.

Der nachfragespezifische Kundenwert im Sinne eines *Kundenvorteils* (Customer Value) kann definiert werden als relativ wahrgenommener Nutzen einer Leistung im Vergleich zu den relativ wahrgenommenen Kosten einer Leistung aus der Sicht des jeweiligen Kunden (Woodruff, 1997, 142) (vgl. Abb. 12).

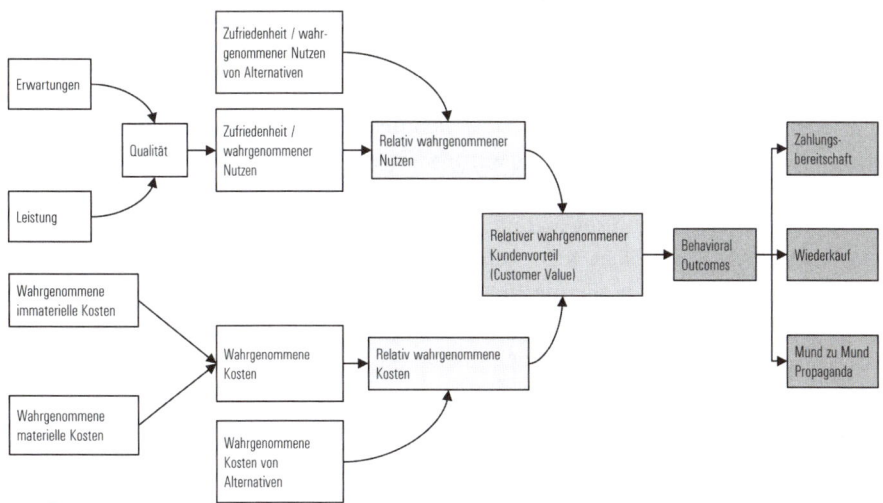

Abb. 12: Wahrgenommener Kundenwert
(Quelle: in Anlehnung u.a. an Matzler, 2000)

Der *Kundennutzen* ergibt sich aus einer Gegenüberstellung von Bedürfnissen respektive Erwartungen gegenüber der Erfüllung dieser Erwartungen durch eine Leistung. Aus dieser Gegenüberstellung ergibt sich die Qualität (Seghezzi, Fahrni, & Hermann, 2007, 33f). Eine hohe Qualität besteht dann, wenn die individuellen Erwartungen erfüllt oder gar übertroffen werden, was nach dem Konfirmationskonzept zu Kundenzufriedenheit führt (vgl. Doenges, 1982). Die *Kundenzufriedenheit* wiederum wird von Kunden im Vergleich zur erwarteten Zufriedenheit bei alternativen Leistungsangeboten bewertet. Daraus ergibt sich die relative (d. h. im Vergleich zu Alternativen) wahrgenommene Kundenzufriedenheit. Bei den *Kundenkosten* können die materiellen Kosten (beispielsweise Kaufpreis) und die immateriellen Kosten (beispielsweise Wartezeiten) berücksichtigt werden.

Der *relativ wahrgenommene Kundenvorteil* führt zu sogenannten *verhaltenswissenschaftlichen Reaktionen* (Behavioral Outcomes, vgl. dazu auch Bagozzi, Dholakia, & Basuroy, 2003, 273). Dies sind z.b. die Zahlungsbereitschaft oder auch Verhaltensweisen wie Weiterempfehlungen, Kundenloyalität und Wiederkäufe oder die Reklamationsbereitschaft.

Aus Unternehmenssicht ist der Wert eines Kunden definiert durch die von ihm erzielbaren Umsätze bzw. dem Wert der positiven Behavioral Outcomes abzüglich der kundenspezifischen Kosten (z.B. Marktbearbeitungskosten) (Customer Equity, vgl. auch Rust, Lemon, & Zeithaml, 2004, 110; Tomczak, Kuss, & Reinecke, 2007, 109-127; Kumar & George, 2007). Unternehmen mit einer ausgereiften Datenbasis zu einzelnen Kunden, wie bspw. bei Fluggesellschaften über die Vielfliegerprogramme, ermitteln so den zu erwartenden künftigen Kundenwert. Kunden werden von Unternehmen dann entsprechend ihres Kundenwerts kategorisiert. So werden sogenannte «A-Kunden» mit einem hohen Kundenwert intensiver bearbeitet und gepflegt, bei Fluggesellschaften z.B. mit sogenannten Status oder Goldkarten.

Zieht man von der Summe der Umsatzerlöse der Kunden die Kosten für die Input-Faktoren (Vorleistungen) ab, so ergibt sich die *Wertschöpfung* des Unternehmens. Aus der Wertschöpfung lässt sich dann der Unternehmenswert ableiten (vgl. Abb. 13).

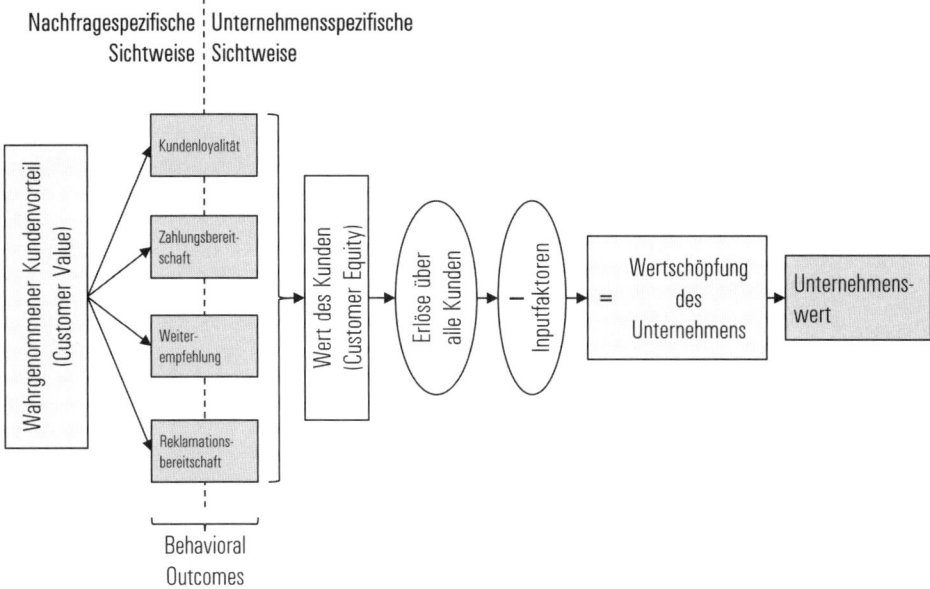

Abb. 13: Konzeptioneller Zusammenhang zwischen Kundenwert, Wertschöpfung und
Unternehmenswert

Die im Rahmen der Geschäftsprozesse erwirtschaftete Wertschöpfung einer Unternehmung ist notwendig, um die verschiedenen Anspruchsgruppen (Kapitalgeber, Arbeitnehmer, Staat via Steuern, etc.)
für ihre Mitwirkung, resp. bereitgestellten Ressourcen zu entschädigen. Geschäftsprozesse sind damit auch unmittelbarer Hauptzweck
des «zweckorientierten sozio-technischen Systems» Unternehmung.
Ohne die mit den Geschäftsprozessen erzielte Wertschöpfung kann
die weitere Mitwirkung der Anspruchsgruppen und damit das
Überleben der Unternehmung nicht gesichert werden. Die Verteilung
der Wertschöpfung ist dabei auch das Spiegelbild des Gewichts der
einzelnen Ressourcen und Anspruchsgruppen. Ist beispielsweise eine
bestimmte Kategorie von Arbeitskraft oder Kapital (z.B. Eigenkapital)
knapp, so steigt im Wettbewerb um diese Ressourcen deren Anteil an
der Wertschöpfung des einzelnen Unternehmens.

Wertschöpfung kann definiert werden als die Differenz zwischen
dem Wert des Inputs und dem Wert des Outputs der Geschäftsprozesse
(vgl. Porter, 1986, 19, 74). Konkret werden dabei von den Umsatzerlö-
sen die Kosten für die Vorleistungen abgezogen. Die Nettowertschöp-
fung ergibt sich dann nach Abzug der notwendigen Abschreibungen
(vgl. Abb. 14). Die Summe der Wertschöpfung aller Unternehmen in

einem Land entspricht vereinfacht dem Bruttoinlandsprodukt gemäß volkswirtschaftlicher Gesamtrechnung (Produktionskonto).

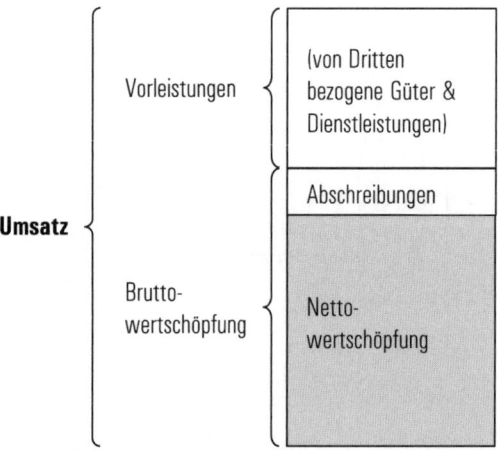

Abb. 14: Berechnung der Wertschöpfung

Wie erwähnt, berechnen Anspruchsgruppen den Wert eines Unternehmens aus ihrer Perspektive, also aus den potentiellen auf sie fallenden Wertschöpfungsbeiträgen. Aktionäre messen deshalb den Unternehmenswert aus der Summe der Barwerte der zukünftig erzielbaren Dividenden (respektive dem erzielbaren Discounted Free-Cash-Flow).

Die Höhe der Wertschöpfung hängt wesentlich von der Fähigkeit der Unternehmung ab, die Zahlungsbereitschaft der Kunden für ihren Output durch dessen Qualität, dessen Image und die sinnvolle Integration in eine Gesamtproblemlösung zu maximieren (*Effektivität*: die richtigen Dinge tun) und die Leistungen kostengünstig zu erstellen (*Effizienz*: die Dinge richtig tun) (vgl. auch Drucker, 1974).

1.5   Struktur der Geschäftsprozesse

Im Rahmen des *Leistungserstellungsprozesses* werden physische Produkte wie Schokoladekugeln oder Dienstleistungen wie ein Flugtransport erstellt. Begleitet werden Leistungserstellungsprozesse durch *Kundenprozesse* und *Leistungsinnovationsprozesse*. Reine Leistungserstellung reicht in einer Marktwirtschaft nicht. Die erstellten Leistungen müssen an den Kunden geliefert, bei ihnen bekannt gemacht oder im Sinne von Marken in ihrem Denken und Bewusstsein verankert werden. In einem dynamischen Wettbewerb reicht auch Leistungserstellung und Leistungsvermarktung in Form von Kundenprozessen nicht. Leistungen müssen genauso wie Leistungsprozesse oder auch Vermarktungsprozesse laufend erneuert werden. Dies ist die Aufgabe der Innovationsprozesse (vgl. Abb. 15).

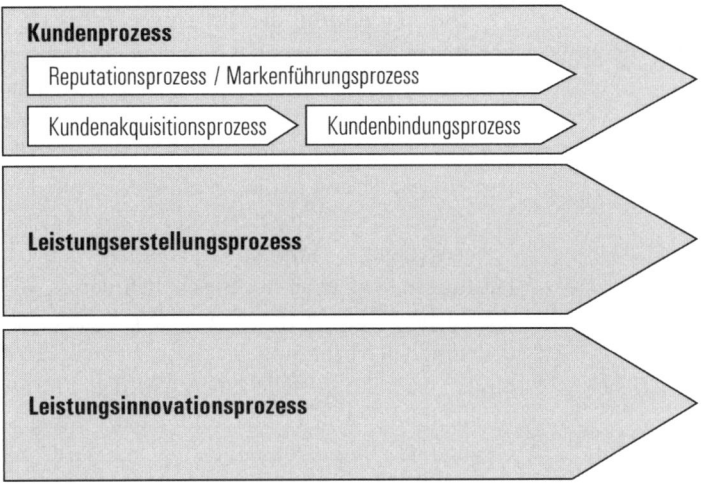

Abb. 15: Struktur der Geschäftsprozesse

1.5.1 Leistungserstellungsprozesse

Ziel der Leistungserstellungsprozesse ist die Bereitstellung der eigentlichen Leistungen der Unternehmung. Dabei kann eine Leistung, die geeignet ist, Bedürfnisse zu befriedigen und einen Nutzen für einen Kunden erzielt, als *Produkt* definiert werden (Hill, 1985, 111; Kotler, 1982, 20 f.). Leistungsprozesse lassen sich in sogenannten *Wertschöpfungsketten* abbilden (vgl. Österle, 1995, 21 und Abb. 16; Osterloh & Frost, 1996, 28ff). Jede Stufe einer Wertschöpfungskette schafft unabhängig einen Mehrwert. So ist beispielsweise im Rahmen der Beschaffung durch optimale Bezugs- und Lieferbedingungen eine günstige Bereitstellung von Input-Faktoren im Vergleich zu den Wettbewerbern anzustreben. Bei der Verarbeitung geht es um die möglichst kostengünstige und den Ansprüchen der Zielgruppen entsprechende Transformation von Inputfaktoren zu Outputs.

Dies ist beispielsweise der Fall, wenn eine Unternehmung wie Chocolatier Läderach besonders günstig Rohstoffe einkaufen kann. In einer Verarbeitungsstufe 1 werden dann die Schokoladekugelformen produziert, die dann in einer Verarbeitungsstufe 2 gefüllt werden. Die gefüllten Kugeln werden in der Konfektionierung attraktiv verpackt und dann von der Ausgangslogistik möglichst rasch und qualitätserhaltend an Ladengeschäfte und den Endkunden ausgeliefert.

Die Abgrenzung der einzelnen Stufen ist technisch bedingt, sie könnten auch abgetrennt, d.h. von einem anderen Unternehmen geleistet werden *(Outsourcing)* (vgl. auch Williamson, 1996, 34ff). So ist es beispielsweise möglich, die Beschaffung an spezialisierte Einkaufsunternehmen zu delegieren. Oder es könnten Halbfabrikate von Vorleistern eingekauft und so die Verarbeitungsstufe 1 eingespart werden.

Zwischen den einzelnen Stufen der Wertschöpfungsketten bestehen sogenannte *Transaktionsschnittstellen* bei denen Produkte oder Leistungen von einer technisch definierten «Verarbeitungsstufe» an die nächste übergeben werden. Wird dabei die Leistung von einer anderen Unternehmung bezogen, braucht es für die Sicherstellung dieser Transaktionsstelle einen Vertrag. Entsprechend entstehen für Aushandlung, Abwicklung und Überprüfung solcher Transaktionen sogenannte *Transaktionskosten* (vgl. u.a. Williamson, 1998).

Abb. 16: Leistungsprozess als Wertschöpfungskette

Ein Leistungsprozess oder eine Wertschöpfungskette stellt sich grundsätzlich unterschiedlich dar, wenn es sich bei einer Leistung um eine physische Leistung oder um eine Dienstleistung handelt. Bei einer physischen Leistung werden Ausgangsprodukte wie beispielsweise Kakao physisch verändert (in Schokolade umgewandelt). Es findet damit eine Transformation statt.

Bei *Dienstleistungen* werden Leistungen an einem Objekt erbracht. Dies ist beispielsweise bei einer Autoreparatur das Automobil oder bei einer persönlichen Dienstleistung, z.B. bei einer medizinischen Dienstleistung, der Kunde selbst (vgl. auch Abb.17). In der Wertschöpfungskette einer *Dienstleistungskette* treten somit einzelne Leistungsstufen an die Stelle von «Verarbeitungsstufen» (vgl. Lehmann, 1993, 57). Im Reisebereich sind dies z.B. die Information vor der Reise, die Reisebuchung, der physische Transport im Sinne der Reise selbst, das Check-in, die Verpflegung vor Ort (vgl. Abb. 18).

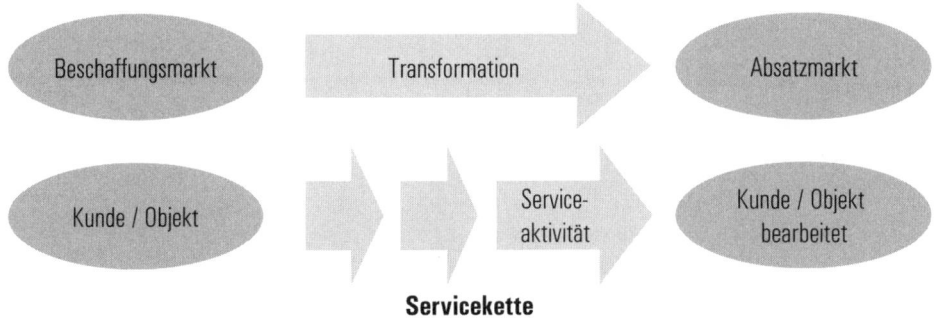

Servicekette

Abb. 17: Geschäftsprozess: Physische Güter und Dienstleistungen

Abb. 18: Dienstleistungskette im Incoming-Tourismus
(Quelle: Bieger & Schallhart, 1996/97, 47)

1.5.2 Kundenprozesse

Ziel der *Kundenprozesse* ist die langfristige Schaffung von Kundenwert. Dabei geht es nicht um die Erzielung eines kurzfristigen Gewinns auf Grund eines Verkaufs im Sinne eines transaktionalen Marketings (Belz, 2002, 119). Vielmehr geht es im Sinne eines relationalen Marketings um die langfristige Befriedigung von Kundenbedürfnissen in einem längerfristigen Kundenprozess.

Die Kundenprozesse können dabei in die Teilprozesse *Markenführungs-* bzw. *Reputationsprozesse, Kundenakquisition* und *Kundenbindung* gegliedert werden. Die Kundenakquisition und Kundenbindung ist im Zeitablauf ein «rollender» Prozess. Aus Kundensicht gestaltet sich der Kundenprozess als eigentlicher Buying Cycle (vgl. Abb. 19).

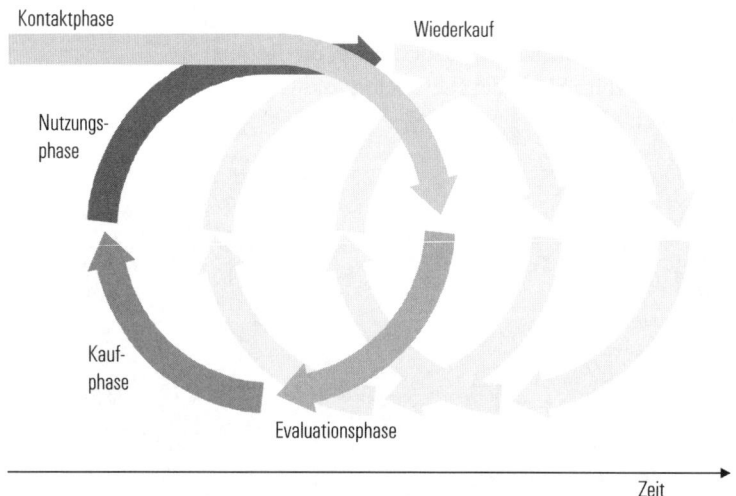

Abb. 19: Der Buying Cycle des Kunden
(Quelle: erweitert nach Dittrich, 2002, 140; in Anlehnung an Mauch, 1990, 16)

a)   Der *Reputations-* oder *Markenführungsprozess* ist ein überlagernder Prozess, der über den gesamten Buying Cycle mit Kontakt-, Evaluations-, Kauf-, Nutzungs- und Wiederkaufsphase auf die breite Öffentlichkeit ausstrahlt.

Häufig wird bei der Steuerung der Marketinginstrumente (z.B. bei der Gestaltung von Werbung) unterschieden zwischen Image- oder Markenwirkung und taktischer Verkaufswirkung. Obwohl die Zielausrichtung der beiden Einsatzformen von Marketinginstrumenten unterschiedlich ist, beeinflussen sie sich gegenseitig. Auch taktische, kurzfristige Maßnahmen wirken auf das langfristige Image. Wichtig ist es, die Marke auch für relevante Kunden immer attraktiv zu halten. So muss beispielsweise ein Schokoladehersteller wie LÄDERACH auch bei gebundenen Kunden, die automatisch immer wieder in seinem Geschäft Geschenke einkaufen, laufend die Marke aktualisieren und mit neuen Inhalten füllen.

Eine *Marke* kann dabei definiert werden als ein Symbol, ein Name oder ein Zeichen, das in der Psyche des Verbrauchers für einen bestimmten Nutzen eine Monopolstellung besitzt (Domizlaff, 1992, 60; Woodruff, 1997, 139). «Marken sind Vorstellungsbilder in den Köpfen der Anspruchsgruppen, die eine Identifikations- und Differenzierungsfunktion übernehmen und das Wahlverhalten prägen» (Esch, 2010, 20).

Markenprodukte sind solche, an die der Konsument bei einem bestimmten Bedürfnis sofort spontan denkt. Marken müssen durch eine auf Vertrauensgewinn beim Kunden und langfristig ausgerichtete Marketingarbeit erschaffen werden. Sie müssen immer gepflegt und wie eine Batterie frisch aufgeladen werden. Voraussetzung für eine Marke ist eine klare Positionierung und ein langfristig ausgerichtetes, integriertes Marketing (vgl. Domizlaff, 1992, 75ff; Kotler & Keller, 2012, 296ff).

Eine Marke besteht aus einem Logo respektive Markenzeichen (deshalb im englischen der Begriff «Brand»), aus einem Markenanspruch («Claim») und aus einem Markeninhalt (qualitäts- resp. wertemäßige Aufladung) (vgl. u.a. Aaker, 1992). Der Aufbau der Marke ergibt sich nach Aaker aus der Markenessenz (das Wesen der Marke, z.B. eine Luxusmarke), dem Markenkern (Core Brand Identity, z.B. Verlässlichkeit), sowie der erweiterten Markenidentität (Extended Brand Identity, z.B. ein bestimmter Lebensstil). Die Summer der Vor- und Nachteile dieser mit der Marke im Zusammenhang stehenden Assoziationen beschreibt den Markenwert. Wichtige Determinanten sind dabei (Aaker, 1992, 31):
– Bekanntheitsgrad des Markennamens
– Markentreue
– angenommene bzw. wahrgenommene Qualität
– Markenassoziation
– Verfügbarkeit der Marke
– wahrgenommenes Kaufrisiko
– Marken-Zufriedenheit
– andere Markenvorzüge wie bspw. Patente, Warenzeichen, Absatzwege etc.

Die Stärke einer Marke wird entsprechend in den Dimensionen Markenbekanntheit und Markenprofil gemessen (vgl. Kotler & Keller, 2012, 265ff). Esch (2010, 10) nennt als Beispiel die Markenstärke von COCA-COLA. Während im Blindtest PEPSI gegenüber COCA-COLA positiver bewertet wurde, verändert sich diese Beurteilung bei Darbietung der Marke. Dabei wird nicht der Geschmack anders erlebt, sondern die Lebensfreude, die mit der Marke in Verbindung gebracht wird und damit das Geschmacksurteil beeinflusst (Esch, 2010, 10).

Es gibt verschiedene Unternehmen, die sich auf die Berechnung von Markenwerten spezialisiert haben. Abb. 20 zeigt die zehn wertvollsten Marken, berechnet von Interbrand. Die Berechnungsmethode von Interbrand quantifiziert die erwarteten zukünftigen Erlöse und drückt sie als Markenwert aus (vgl. www. interbrand.com).

Rang	Marke	Markenwert (in Million $)	Veränderung zum Vorjahr
1	Apple	118'863	+ 21%
2	Google	107'439	+ 15%
3	Coca Cola	81'563	+ 3%
4	IBM	72'244	– 8%
5	Microsoft	61'154	+ 3%
6	GE	45'480	– 3%
7	Samsung	45'462	+ 15%
8	Toyota	42'392	+ 20%
9	McDonald's	42'254	+ 1%
10	Mercedes-Benz	34'338	+ 8%

Abb. 20: Markenwert nach Interbrand – die 10 wertvollsten Marken 2014
(Quelle: Interbrand, 2014)

b)   Der *Kundenakquisitionsprozess* kann in Wirkungsmodellen wie dem *AIDA-Modell* abgebildet werden (vgl. Lewis, 1903, 124; vgl. Kap. 5). Nach diesem verbreiteten Modell verläuft die Kundenakquise über eine erste Stufe der Kontaktnahme und Aufmerksamkeitsgenerierung (Attention, A), um dann ein vertieftes Interesse zu wecken (Interest, I), was dann zu einer vertieften Evolutionsphase führt, die dann ein vertieftes Interesse (Desire, D) generiert, was schlussendlich zum Kauf (Action, A) führt.

c)   Die *Kundenbindung* ist ein wichtiger Teil des Kundenprozesses, der lange Zeit von vielen Unternehmen vernachlässigt wurde. Generell gilt die Faustregel, dass die Gewinnung eines neuen Kunden vergleichsweise aufwendiger (Praktiker sprechen von bis zu neun Mal aufwendiger) ist, als die Bewahrung eines bestehenden Kunden. Kundenbindung beinhaltet damit die Begleitung des Kunden über die Nutzungsphase, um sicher zu stellen, dass der erwünschte Kundenwert eintrifft und dieser Kunden wahrgenommen wird, um so eine Kundenloyalität und eine Wiederkaufsbereitschaft zu schaffen.

1.5.3 Innovationsprozesse

Bei den *Innovationsprozessen* geht es um die laufende Erneuerung von Produkten, Leistungserstellungsprozessen und Märkten:

a) *Produktinnovationen* werden durch Veränderungen der Nachfrage respektive Bedürfnisse, durch das Auftauchen von Substitutions- und Konkurrenzprodukten oder durch Veränderungen im Umfeld wie Regulierungen notwendig. Die Entwicklung respektive Reifung eines Produkts kann mit dem Produktlebenszyklus beschrieben werden. Idealtypisch lassen sich fünf Phasen des *Produktlebenszyklus* unterscheiden (vgl. Meffert & Bruhn, 2000, 339ff).

In einer *Einführungsphase* kaufen einzelne Pionierkunden das Produkt, das noch weitgehend ein Geheimtipp ist. In dieser Phase wird die Positionierung des Produkts geprägt. Wird eine neue Dienstleistung beispielsweise preislich zu tief positioniert, so erreicht sie auch später oft kaum ein Qualitätsimage. Wird sie zu teuer positioniert, so gelingt möglicherweise keine ausreichende Marktpenetration. Diese Phase erfordert aufgrund der kleinen Absatzmengen hohe Investitionen in die Produktion, in die Markterschließung und in die Positionierung.

In der *Wachstumsphase* steigen die Absätze aufgrund neuer Kunden und höheren Gebrauchs oder möglicherweise auch schon wegen des Ersatzbedarfs schnell an. Entscheidend sind hier die Qualitätssicherung im raschen Wachstum und die Sicherstellung einer ausreichenden Kostenoptimierung. Zu hohe Kosten werden möglicherweise aufgrund der steigenden Umsätze zu wenig beachtet, was sich spätestens in der nächsten Phase auswirkt.

In der *Reifephase* verringern sich die Wachstumsraten, der Wettbewerb intensiviert sich. Entsprechend werden oft schon die Gewinnmaxima überschritten. Entscheidend sind hier das Kostenmanagement und die Sicherstellung eines weiterhin möglichst optimalen Wachstums.

In der *Sättigungsphase* sinken die Umsätze. Endgültig hat sich der Wettbewerb von einem Qualitäts- und Positionierungswettbewerb zu einem Verdrängungs- und Kostenwettbewerb gewandelt.

In der *Phase des Rückgangs* kann nur noch überleben, wer durch optimale Kostenstrukturen oder durch Reserven aus den früheren Jahren genügend Spielraum für eventuelle *Relaunches* (d.h. Neulancierungen von Produkten mit Modifikationen wie neuem Design, neuem Image usw.) hat. Nach massivem Rückgang ist eine grundsätzliche Leistungsinnovation erforderlich (vgl. Abb. 21).

Das Konzept des Lebenszyklus kann auf einzelne Produkte oder auch auf Produktionssysteme sowie auf ganze Branchen bezogen werden. So unterlag typischerweise ein spezifischer Dampflokomotivtyp einem kürzeren Lebenszyklus als die Gattung Dampflokomotiven oder gar das Eisenbahnsystem als Ganzes. Dieses erlebt zurzeit als Hochgeschwindigkeitssystem auf verschiedenen Kontinenten einen eigentlichen Relaunch.

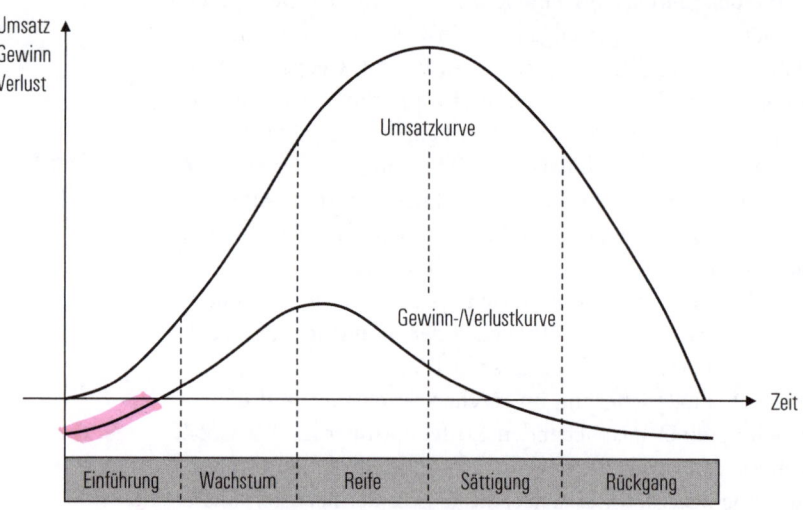

Abb. 21: Fünfphasiges Produktlebenszyklus-Modell
(Quelle: Kotler & Bliemel, 1999, 566)

b)   Bei *Leistungsprozessinnovationen* wirkt sich der globale Wettbewerb darin aus, dass Unternehmen nur noch das selbst machen, was sie im Vergleich zur Konkurrenz besonders gut oder kostengünstig können. Die Funktion von Unternehmen differenziert sich damit aus, sie übernehmen in Wertschöpfungsketten klar definierte Funktionen (vgl. Knyphausen-Aufsess & Meinhardt, 2002, 63):

Ein Unternehmen kann sich als *Spezialist* (Layer Player) auf die Erbringung einer Wertschöpfungsstufe für verschiedene Wertschöpfungsketten beschränken (Bieger, et al., 2011, 38ff). Denkbar ist ein Call-Center, das für verschiedenste Unternehmen, beispielsweise als Reklamationszentrale für einen Lebensmittelhersteller oder als Buchungsstelle für einen Reiseveranstalter, Leistungen erbringt. Als Spezialist kann ein Unternehmen Spezialisierungsvorteile im Sinne von Economies of Scale generieren. Es kann damit günstiger und oft qualitativ besser produzieren. Der Spezialist läuft jedoch Gefahr, dass er von anderen Unternehmen ausgestochen wird, weil er keinen Endkundenmarkt besitzt. So kann ein Call-Center jederzeit durch unternehmensinterne Call-Centers ersetzt werden.

Das Unternehmen kann sich aber auch darauf konzentrieren, als *Integrator* alle Wertschöpfungsstufen eines Wertschöpfungsprozesses zu beherrschen. Dies findet sich oft bei traditionellen Unternehmen einer Branche (vgl. Heuskel, 1999, 57). Beispiel dafür ist ein Reiseveranstalter, der seine eigenen Reisebüros, die eigene Fluggesellschaft und eine eigene Hotelkette betreibt. Er kann dadurch Einfluss nehmen auf die Optimierung der durchgehenden Leistungserstellung und so genannte Breiteneffekte, Economies of Scope, generieren. Das Unternehmen spart damit auch Transaktionskosten, da es keine komplexen Verträge mit Lieferanten und Abnehmern aushandeln muss. Umgekehrt geht es das Risiko ein, aufgrund mangelnder Spezialisierung Kostennachteile in Kauf nehmen zu müssen.

Ein Unternehmen kann sich auch darauf beschränken, als *Market Maker* verschiedene Leistungselemente eines Wertschöpfungsprozesses zu verbinden. Ein Beispiel dafür findet sich in Form von Internetportalen wie AutoScout24 oder Car4You, die beispielsweise Autokäufer und -ver-käufer zusammenbringen. Market Maker bündeln damit die Flut von Informationen und senken die Transaktionskosten für die Marktpartner. Sie schöpfen Mehrwert für die beteiligten Partner, indem sie Informationen vermitteln und den Zugang zu anderen Wertschöpfungsprozessen liefern. Es besteht jedoch immer die Gefahr, dass das Unternehmen ausgelassen wird, d. h. dass sich die Abnehmer direkt an die Lieferanten wenden.

Ein *Orchestrator* macht wie der Integrator vieles aus seiner Wertschöpfungskette selbst. Allerdings kauft er auch diverse Leistungen zu. Als Beispiel kann ein Elektromotorradhersteller angeführt werden, der von verschiedenen Zulieferern beispielsweise den Rahmen, den Elektromotor, Räder usw. kauft. Da Orchestratoren immer beim Spezialisten einkaufen, können sie Qualitäts- und Kostenvorteil gegenüber einer eigenen Produktion erreichen. Fällt allerdings ein Schlüssellieferant kurzfristig aus, so kann die Produktion ins Stocken geraten. Des Weiteren entstehen Transaktionskosten – Vertragsverhandlungen mit den Lieferanten können langwierig und teuer sein (vgl. Abb. 22).

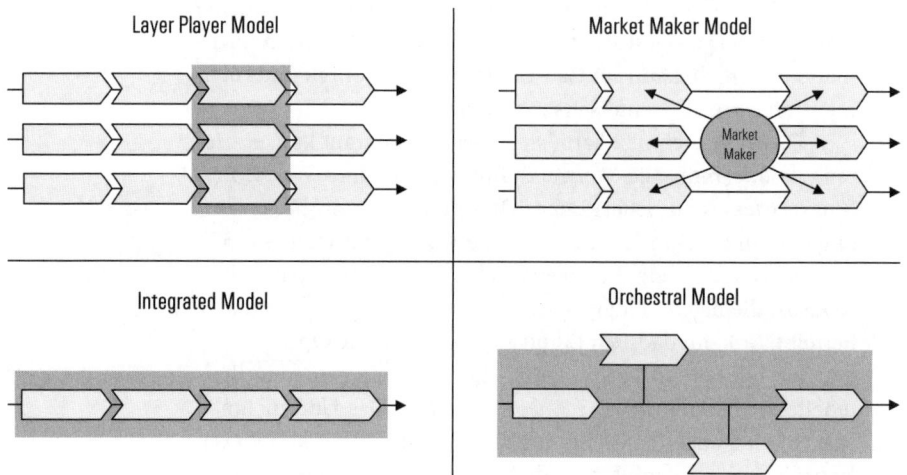

Abb. 22: Mögliche Rollen eines Unternehmens in einer Wertkette
(Quelle: Knyphausen-Aufsess & Meinhardt, 2002, 95)

c)   Wie das oben dargestellte Beispiel LÄDERACH zeigt, können sich Unternehmen mit *Marktinnovation* auf neue Märkte ausrichten. Ein Beispiel ist eine Seilfabrik, die klassische Industrieseile und Drahtseile für Skilifte produziert hat, sich aber mehr in den Bereich der Architektur in Form von Design-Seilen (beispielsweise für die Abgrenzung von Treppen in Häusern) auf einen neuen Markt ausgerichtet hat. *Neue Formen der Marktbearbeitung* ergeben sich heute beispielsweise auf Grund der Social Media's.

1.6 Der Marketingansatz für das Management von Geschäftsprozessen

Das Marketing kann einerseits als *Funktion,* andererseits als *Führungsphilosophie* definiert werden (vgl. Bieger, 2013, 1; Kotler & Bliemel, 1999, 35). Als Funktion befasst sich das Marketing mit der Durchführung von Unternehmensaktivitäten, die den Strom von Gütern und Dienstleistungen vom Hersteller zum Konsumenten oder zum Nutzer leiten. Als Führungsphilosophie geht Marketing weiter. Marketing ist dabei die «bewusste marktorientierte Führung des gesamten Unternehmens und ein marktorientiertes Entscheidungsverhalten in der ganzen Unternehmung» (Meffert, 2000, 8; vgl. u.a. Becker, 2013, 3). Unter dem Begriff Marketing wird so die Planung, Koordination und Kontrolle aller auf die aktuellen und potentiellen Märkte ausgerichteten Unternehmensaktivitäten verstanden. Dabei sollen die Unternehmensziele durch dauerhafte Befriedigung der Kundenbedürfnisse verwirklicht werden (Meffert, 1974, 8). Nach dieser Auffassung ist Marketing so grundlegend, dass es nicht als separate Funktion betrachtet werden kann. Die Definition von Marketing als Führungsphilosophie wird nachfolgend durch die gesamte Gestaltung der Geschäftsprozesse als Marketingansatz beschrieben.

1.6.1 Entwicklung des Marketings

Die Entwicklung des Marketings erfolgte in verschiedenen Stufen (Bruhn, 2009, 5; vgl. Abb. 23).

In der Pionierzeit war es die Hauptaufgabe der marktorientierten Führung eines Unternehmens, die Leistung von Produzenten zu Konsumenten zu bringen. Als beispielsweise geeignete Transportmittel noch weitgehend fehlten, war Marketing auch häufig eine rein logistische Funktion. Diese Phase wird als Phase der *Markterschließung* bezeichnet (vgl. Bleicher, 2004, 529ff). Auf Grund der erwähnten Transportprobleme war es beispielsweise nicht möglich, Bier über größere Distanzen zu transportieren. Bierbrauereien hatten damit faktisch Gebietsmonopole. Innerhalb dieser Gebietsmonopole reichte es, Bier in einer ausreichenden Menge zeitgerecht und qualitativ ausreichend auszuliefern.

Mit der technologischen Entwicklung überlagerten sich die Liefergebiete vieler Unternehmen. Es reichte damit nicht mehr, die physische Distanz zum Kunden zu überwinden und einfach die Leistung zu liefern. In der Stufe der sogenannten *Marktbearbeitung* musste für die eigene Leistung Bekanntheit und Bewusstsein beim Kunden geschaffen werden. Häufig erfolgte dies durch Werbung. Ein bekanntes Beispiel ist im Getränkebereich die Marke COCA-COLA, die durch eine fast Omnipräsenz ihrer Marke in das Bewusstsein der Kundinnen und Kunden gelangte.

Mit dem zunehmenden Wettbewerb reichte es nicht mehr, nur Leistungen zu liefern und bei den Kundinnen und Kunden bekannt und beliebt zu machen. Derjenige Hersteller, der die individuellen Bedürfnisse seiner Kunden am besten traf, hatte Vorteile. In dieser Phase des *segmentorientierten Marketingansatzes* werden Leistungen differenziert und Kundensegmente ihren spezifischen Bedürfnissen entsprechend individuell bearbeitet. Beispiel ist die nach dem Aufbrechen des Bierkartells in der Schweiz seit den Siebziger-Jahren entstehende Produktevielfalt (Bruhn & Steffenhagen, 1998, 445).

Mit der Weiterentwicklung der technologischen Möglichkeiten wurden die Voraussetzungen geschaffen Kundinnen und Kunden noch individueller, eigentlich im Sinne eines *One-to-One-Marketings* zu bearbeiten. Je individueller Kundinnen und Kunden bearbeitet werden, desto besser können die individuellen Bedürfnisse befriedigt werden. Beispiel dafür sind die Konfigurationsportale beispielsweise einzelner Uhrenhersteller, die es erlaubten, eine Uhr individuell zusammenzustellen.

Eine weitere Entwicklung im Marketing ist die Entwicklung eines vom Unternehmen abgekoppelten *C2C-Marketings*. Kundengruppen haben die Möglichkeit, untereinander zu kommunizieren – früher lediglich physisch beispielsweise auf Marktplätzen, heute auf virtuellen Plattformen wie beispielsweise im Social Web. Im Rahmen der Emanzipation von Märkten nimmt die Bedeutung von C2C-(Community)-Kommunikation zu. Communities können dabei definiert werden, als Gruppen von Kundinnen und Kunden, die untereinander im Austausch stehen und ähnliche Auffassungen und Werthaltungen aufweisen (Algesheimer, Herrmann, & Dimpfel, 2006, 934; Bieger & Belz, 2004, 136). In der Phase des Community Marketings ist der Einfluss von Unternehmen beschränkt, respektive wird überlagert durch die Botschaften von Kundinnen und Kunden. Unternehmen versuchen indirekt durch Bereitstellen von Inhalten auf Social Media-Plattformen in die C2C-Kommunikation einzuwirken.

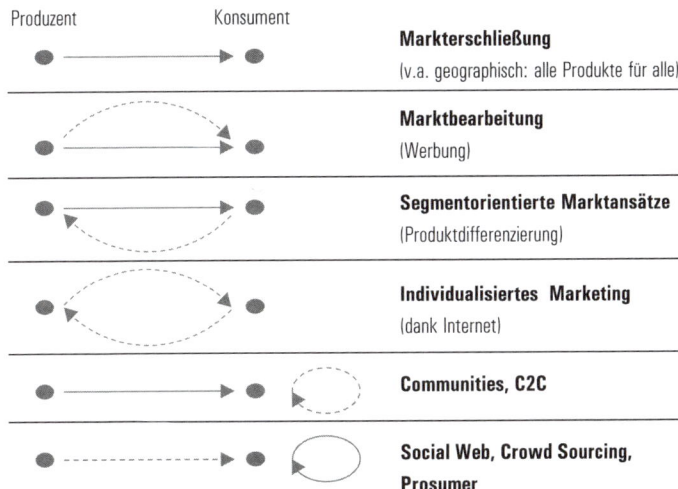

Abb. 23: Die Entwicklung des Marketings

1.6.2 Marketingkonzeption

Für die Planung und Gestaltung eines Marketingansatzes hat sich das sogenannte Marketingkonzept bewährt. Eine *Marketingkonzeption* kann dabei aufgefasst werden als ein «schlüssiger ganzheitlicher Handlungsplan» (Becker, 2013, 5), der sich an den angestrebten Marketingzielen orientiert, für ihre Realisierung geeignete Strategien wählt, und auf ihren Grundlagen die adäquaten Marketinginstrumente festlegt (ursprünglich zum Marketingkonzept vgl. Weinhold-Stünzi, 1972). Heute wird die Marketingkonzeption bzw. Marketingplanung ergänzt durch Controlling und Innovationsprozesse. In den nachfolgenden Kapiteln werden die einzelnen Arbeitsschritte innerhalb eines Marketingkonzepts beleuchtet (vgl. auch Abb. 24). Es handelt sich dabei um die Schritte:

– Marktanalyse
– Marketingstrategie
– Produktgestaltung und Leistungserstellung
– Gestaltung der Marketinginstrumente
– Marketing-Controlling und Innovation

Dabei stehen die einzelnen Entscheide innerhalb einer Marketingkonzeption in engem Bezug zu den drei *Sinnhorizonten des Managements* (vgl. Abb. 9). So sind die Marketingziele direkt aus der normativen Ebene (Unternehmensleitbild und Vision) respektive der Strategie (Definition von Geschäftsfeldern und strategischen Ressourcen wie Kernkompetenzen) abzuleiten.

Die Marketingstrategie in Form eines Entscheids für einzelne Zielmärkte oder eine Positionierung muss ebenfalls wieder auf die Unternehmensstrategie und insbesondere die strategischen Ressourcen abgestimmt werden. Die konkreten Prozesse wie die Werbeplanung müssen auf operativer Stufe mit den Führungsinstrumenten wie den Jahresbudgets abgestimmt werden.

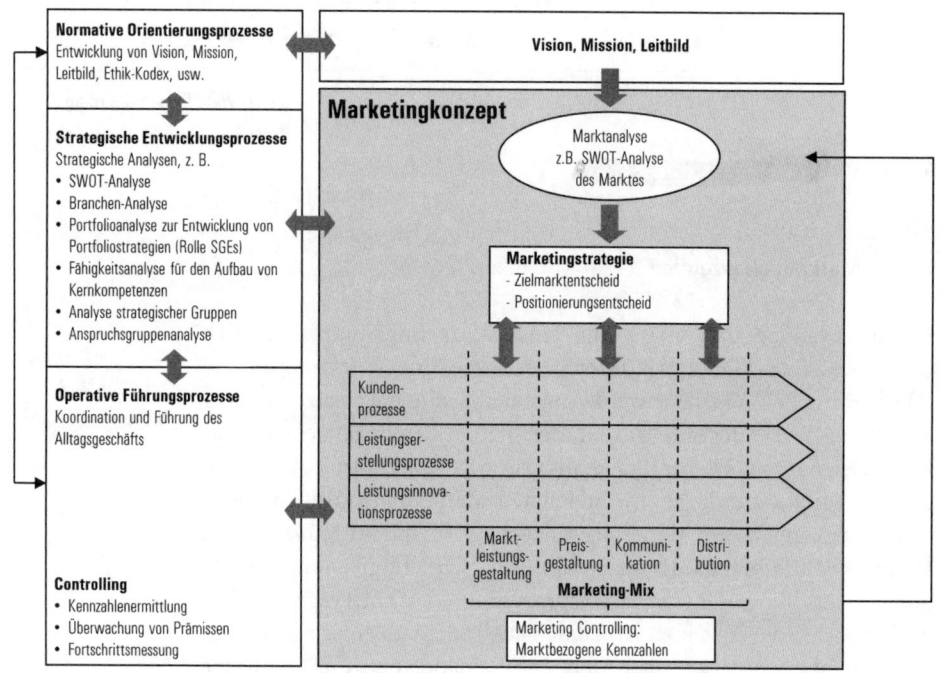

Abb. 24: Marketingkonzept
(Quelle: Bieger, Reinecke, & Tomczak, 2009, 123)

2 Marktanalyse als Grundlage einer marktorientierten Unternehmensführung

2.1 Fallstudie Mammut

Mammut – absolut Alpine

▣ Vom Spezialisten für Seile im Bereich Bergsport zum integrierten Anbieter von Bergsportausrüstung

Die Firma Mammut wurde 1862, vor über 150 Jahren, als Seilfabrik im Kanton Aargau gegründet. Über die Jahrzehnte fand eine zunehmende Spezialisierung für Seile im Bereich Bergsport statt. In diesem Bereich konnte die Unternehmung zahlreiche Innovationen erzielen, beispielsweise das erste aus Kunststoff gefertigte Gletscherseil im Jahre 1952. 1978 folgte dann die (horizontale) Diversifikation in den Bereich der Bekleidung mit der ersten Bekleidungslinie «Altitude», einer Mammut-Jacke und -Hose aus Gore-Tex. Sukzessive entwickelte sich Mammut weiter zu einem integrierten Anbieter von Bergsportausrüstung. Wichtige Meilensteine waren beispielsweise 1989 der Erwerb des Rucksackherstellers Fürst oder 2003 der Erwerb der Ski- und Wanderschuhmarke Raichle. Seit dem Jahre 2000 wird die Unternehmung durch Rolf Georg Schmid, HSG-Alumnus, als CEO geführt. In den Jahren 2006/2007 ergab sich die Möglichkeit, die Firma Ludico zu übernehmen. Ludico war ein Anbieter von Stirn- und Taschenlampen mit einer Präsenz in der Schweiz und Deutschland. Für das Management stellte sich die Frage, ob diese Sortimentserweiterung in elektrische, und vielleicht später elektronische Komponenten der Ausrüstung erfolgen sollte. An einer fingierten Geschäftsleitungssitzung könnten in etwa folgende Argumente aufgekommen sein:

Product Manager Bekleidungslinie:
Mit der Erweiterung unseres Sortimentes unter der Marke Mammut in den Bereich elektrischer Ausrüstungsgegenstände besteht die Gefahr der Verwässerung unserer Marke. Bekleidung wird immer mehr über Marken differenziert und profiliert. Ich stelle die kritische Frage, wie weit durch diese Sortimentserweiterung die tatsächlichen Bedürfnisse unserer Kundinnen und Kunden abgedeckt werden.

Finanzchefin:

Die Diversifikation mit der Übernahme von LUDICO kostet eine beträchtliche Summe. Für mich stellt sich primär die Frage, ob das prognostizierte respektive zu erwartende Absatzvolumen ausreicht, diese Kosten zu decken. Ich möchte mehr über Marktpotential und langfristige Nachfragetrends wissen, die dann wieder die Investitionen in Produktentwicklung und Produktionsanlagen treiben.

Marketingleiter:

Wir bewegen uns hier in einer Produktekategorie, die auch außerhalb unserer klassischen Handelskanäle vertrieben wird, beispielsweise in Elektrofachgeschäften. Ich bin mir nicht im Klaren, in wie weit wir die Kompetenz für die Vermarktung von solchen Produkten besitzen. Ich möchte mir deshalb ein Bild machen und brauche Informationen über die Bedeutung von einzelnen Marketing-Instrumenten für den Kaufentscheid der Kundinnen und Kunden.

Geschäftsleiter:

Meine Damen und Herren, sie haben absolut Recht. Wir müssen hier vor unserem Engagement eine vertiefte Marktanalyse machen. Ich werde meinem Assistenten den Auftrag geben, ein Briefing für einen Auftrag an eine Marktforschungsagentur zu entwerfen.

Reflektionsfragen:

1. Erarbeiten Sie eine Liste der notwendigen Marketinginformationen für einen Einstieg in das Geschäft mit Taschen- und Stirnlampen.

2. Versuchen Sie, zu jeder Marketinginformation eine mögliche Datenquelle oder Erhebungsmethode zu identifizieren.

3. Entwerfen Sie für die Übernahme der Firma LUDICO eine auf den oben identifizierten Daten aufbauende Chancen-/Gefahren- und Stärken-/Schwächen-Analyse.

Die Firma LUDICO wurde 2007 von MAMMUT tatsächlich übernommen. Inzwischen entwickelten sich insbesondere die Stirnlampen zu einem festen Bestandteil des Sortimentes. Die Firma MAMMUT diversifizierte weiter auch in elektronische Ausrüstungsgegenstände.

2.2   Kundenverhalten und Märkte

Auch Non-Profit-Organisationen, z.B. Non-Governmental-Organisations wie Umweltorganisationen oder Menschenrechtsorganisationen, aber auch staatliche Leistungsersteller wie Transportunternehmen oder Universitäten stehen mit ihren Leistungen auf Märkten in Konkurrenz. So gibt es auf dem Spendenmarkt eine Vielzahl von NGO´s, die miteinander um Spendengelder konkurrieren. Auf Grund der Deregulierung des Marktes für öffentliche Dienstleistungen gibt es immer mehr auch ein Wettbewerb mit privaten Anbietern. Staatliche Spitäler stehen z.B. im Wettbewerb mit privaten.

Ziel des Managements muss es sein, auf den relevanten Märkten:

– eine ausreichende Nachfrage (genügend Kundinnen und Kunden) respektive Nutzungs- und Kauffälle,
– eine ausreichende Attraktivität und damit Zahlungsbereitschaft (auf Grund einer Orientierung an den Bedürfnissen des jeweiligen Marktes)
– bei angemessenen Liefer- und Marktbearbeitungskosten

zu generieren.

2.2.1   Definition und Funktion von Märkten

Unternehmen stehen mit ihrer wirtschaftlichen Umwelt über eine Vielzahl von Märkten in Beziehung. Dazu gehören Arbeitsmärkte, Finanzmärkte, Ressourcenmärkte und Absatzmärkte. Im Rahmen von Geschäftsprozessen sind Beschaffungsmärkte für Vorleistungen und Ausgangsstoffe von Bedeutung, vor allem aber die Absatzmärkte als Quelle von Erlösen.

Märkte werden traditionell als *Ort des Zusammentreffens zwischen Angebot und Nachfrage* aufgefasst (Samuelson, 1961, 61). Dieser Ort kann real in Form eines bestimmten geografischen Raumes sein (traditioneller Markt, Messe oder Kaufhaus), institutionell in Form einer Börse, auf die auch über Distanz elektronisch oder schriftlich zugegriffen werden kann, oder virtuell in Form eines Datensystems (wie zum Beispiel bei elektronischen Kaufbörsen wie EBAY). Auf Märkten werden Informationen, Waren und Dienstleistungen getauscht, Preise gebildet und Kontrakte ausgehandelt. Dabei kommt eine Transaktion zustande, wenn ein Partner (Käufer) einer Information, einer Ware oder einer Dienstleistung einen höheren Wert beimisst als der andere Partner (Verkäufer). Ein Stück Land, ein Autorenrecht oder ein Bild wechselt so typischerweise erst dann den Besitzer, wenn jemand bereit ist, einen höheren Preis zu bezahlen als der Preis, zu dem der jetzige Halter bereit wäre, das Gut zu behalten. Beide Partner werden natürlich versuchen, den Preis möglichst zu ihren Gunsten zu beeinflussen. Entscheidend ist deshalb die Fähigkeit zur Abschätzung der Kaufmotive und des subjektiven Wertes eines Tauschobjektes für den Partner.

Die Nutzung eines Marktes ist nie kostenfrei, es entstehen dabei zum Teil beträchtliche *Transaktionskosten*. Diese können in Anlehnung an die einzelnen Schritte einer Markttransaktion strukturiert werden (Williamson & Masten, 1995, 233ff):

–   Anbahnung: Kosten für Information und Selektion der Transaktionspartner
–   Aushandlung: Kosten für Kontraktaushandlung, Kontraktabfassung Kontraktabschluss
–   Abwicklung: Kosten für Koordination, Kontrolle und Anpassung des Kontraktes

Diese Kosten sind umso geringer, je mehr Konventionen (zum Beispiel Standardverträge, stehende Regeln oder sogar Rituale für die Marktpartner) und Infrastrukturen (zum Beispiel für den Informationsaustausch oder die Abwicklung) bestehen. Spezialisierte Märkte mit standardisierten Kontrakten wie einzelne Finanzmärkte oder Rohwarenmärkte weisen hier bedeutende Vorteile auf. Jedoch sind solche Konventionen und transparente Märkte vor allem für innovative Leistungen wie zum Beispiel neuartige Beratungsleistungen meist nicht verfügbar. Jeder Kontrakt muss einzeln ausgehandelt werden.

2.2.2   Akteure und Marktarten

Für die Funktion eines Marktes sind eine große Anzahl von Anbietern, Mittlern und Nachfragern notwendig. Oft handeln diese primären Akteure nicht selbständig. Ihr Verhalten wird durch eine Vielzahl von Beeinflussern geprägt.

Kunden beeinflussen sich gegenseitig – das Kaufverhalten der Nachbarn oder der Freunde beeinflusst das eigene (vgl. zu conspicious consumption Veblen, 1899, 20ff). Vor allem im Bereich institutioneller Käufer werden oft Kaufentscheide in Gremien getroffen, oder es sind

Beeinflusser wie Architekten oder Berater wirksam. Auch innerhalb von Familien und Gruppen laufen zum Teil komplexe gruppendynamische Prozesse ab (vgl. Solomon, 2009, 458). In größeren Communities werden Einstellungen gebildet und Identitäten vermittelt. Dabei können Communities als «Systeme von Kunden mit einer ähnlichen Werthaltung» verstanden werden, die untereinander über ein Thema oder ein Produkt in einem Austausch stehen (Kuss & Tomczak, 2001, 199ff).

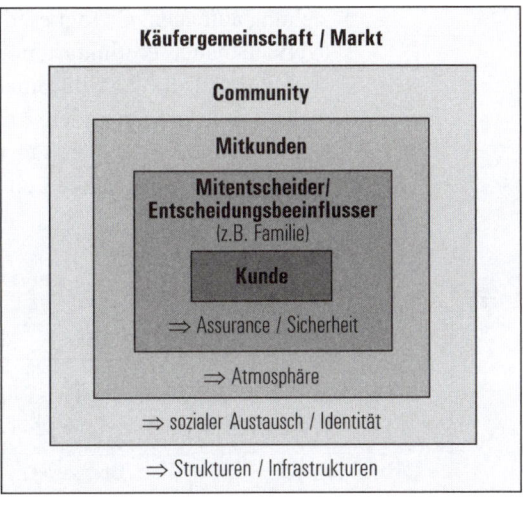

Abb. 25: Kundensystem
(Quelle: Bieger & Belz, 2004, 46)

Ein *Kundensystem* besteht aus einem Kunden und den diesen beeinflussenden sozialen Elementen, die in einem eigentlichen Schichtenmodell dargestellt werden können. Dabei wird auf jeder Ebene Kundennutzen generiert: auf der Ebene der Käufergemeinschaft Strukturen und Infrastrukturen wie Distributionssysteme oder Märkte, die Effizienz schaffen; auf der Ebene der Mitkunden Atmosphäre und auf der Ebene der Mitentscheider Sicherheit (vgl. Abb. 25).

Kunden unterliegen in ihrem Kaufverhalten auch Prozessen: Der *Wiederkaufzyklus* besteht aus den Phasen Erstkauf, Nutzung sowie Wieder-, Ergänzungs- und Ersatzkauf. Kunden tendieren auch dazu, bei Zufriedenheit und entsprechendem Vertrauen zu einem Leistungsersteller immer mehr und auch andere Produkte von diesem zu kaufen. So wird ein Geschäftsleiter, der mit dem Beratungsunternehmen, das ein Marketingkonzept erarbeitet, zufrieden ist, auch andere Beratungsleistungen beim selben Unternehmen bestellen. Der *Share of Wallet* (Anteil der Gesamtausgaben, die ein Kunde bei einem spezifischen Unternehmen ausgibt) erhöht sich. Ein zufriedener Kunde wird das Unternehmen auch anderen empfehlen. Zufriedene Kunden führen so über *Word of Mouth* (Mund-zu-Mund Propaganda) zur Akquisition neuer Kunden (vgl. dazu auch «Verhaltenswissenschaftliche Reaktionen» Kapitel 5.2.2).

Diese Prozesse führen dazu, dass Kunden erst nach einer gewissen Bindungsdauer rentabel werden (vgl. Abb. 26). Nach anfänglich hohen Investitionen in die Akquisition und die erste Transaktion reduzieren sich die Transaktionskosten sukzessive durch Standardisierung. Man kennt den Kunden, weiß, was er will, und kann auf einer Vertrauensbeziehung aufbauen. Gelingt es, dem gleichen Kunden durch *cross-selling* (Verkauf neuer Produktarten an einen bestehenden Kunden – wenn zum Beispiel die Post Büromaterial oder Bücher verkauft) nicht nur mehr, sondern auch andere Leistungen zu verkaufen, erhöht sich die Kundenrendite zusätzlich. Oft nimmt in diesem Verlauf auch die kritische Haltung des Kunden ab. In der Folge sinken Bedienungs- und Garantiekosten.

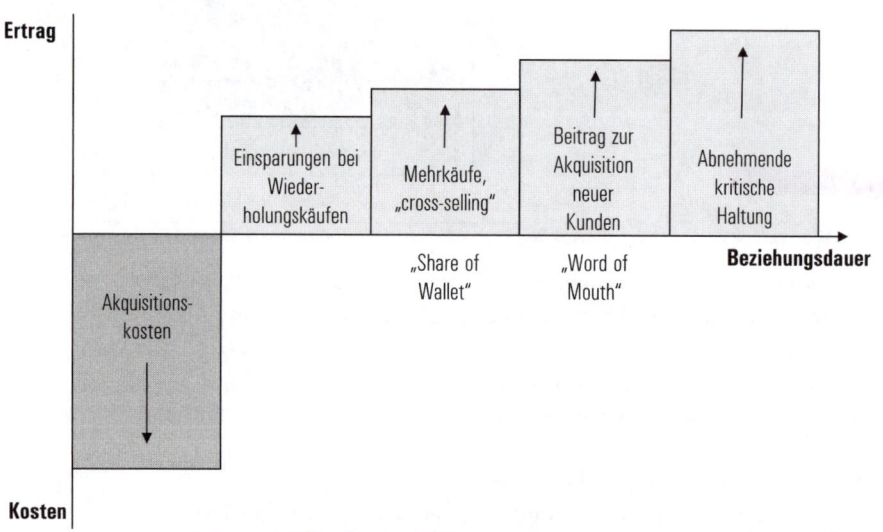

Abb. 26: Nutzen von langfristigen Kundenbindungen
(Quelle: Schmidt, Bach, & Österle, 2000, 19, ergänzt)

Aufgrund der großen Bedeutung dieser Prozesse verschiebt sich der Fokus im Marketing weg von einzelnen *Transaktionen* hin zu integrierten und langfristig ausgelegten Kundenbeziehungen (Rudolf-Sipötz & Tomczak, 2001, 30ff). Kundenbindung ist neben der Kundenakquisition eine Kernaufgabe im Marketing.

Bei komplexeren Märkten sind aus Gründen der Raumüberwindung, der Bündelung von Teilleistungen zu Problemlösungen oder zur Abwicklung von Zahlungs- und Informationsströmen Mittler notwendig. Dabei können folgende Hauptformen von *Mittlern* unterschieden werden:

Broker vermitteln zwischen Nachfragern und Anbietern unter anderem, indem sie Informationen austauschen und sowohl Nachfrager wie auch Leistungen bündeln können. Ein Beispiel sind Versicherungsbroker, die für Versicherungskunden komplette Risk-Management-Pakete gestalten. Sie verhandeln im Auftrag ihrer Kunden mit verschiedenen Versicherungen. Damit machen sie im eigentlichen Sinne den Markt. Andere Beispiele finden sich im Bereich der Immobilienbroker oder Finanzmarktbroker (vgl. Bachmann, 2000, 20f).

Architekten beraten einzelne Kunden und verhandeln bei Bedarf mit Anbietern. Sie vertreten dabei den Kunden. Architekturfunktionen gibt es nicht nur im Immobiliengeschäft, sondern beispielsweise auch im Informatikbereich.

Klassische Einzel- und Großhändler. Diese verbinden Anbieter und Abnehmer und übernehmen auf eigene Rechnung Logistikfunktionen, Inkassofunktionen, Beratungsfunktionen und Sortimentsfunktionen (Berekoven, 1995, 28).

Der Beitrag eines Mittlers besteht in der Reduktion von Transaktionskosten. Entstehen beispielsweise aufgrund von technischem Fortschritt neue Möglichkeiten zur Verbindung von Anbietern und Abnehmern wie etwa mit dem Internet, so verlieren traditionelle Distributionskanäle wie der Groß- und Detailhandel seine Bedeutung. Umgekehrt ergibt eine Deregulierung wie aktuell im Versicherungs- oder Telekommunikationsmarkt komplexere Marktstrukturen, die die Informationskosten erhöhen. Die Entwicklung von Brokern kann in diesen Fällen Transaktionskosten senken.

Aufgrund der unterschiedlichen Reaktionsweise der Marktakteure ist die Unterscheidung in I-Märkte (Institutionsmärkte) und K-Märkte (Endverbraucher- bzw. Konsumentenmärkte) wichtig (Kotler & Bliemel, 1999, 323ff):

– Auf *I-Märkten* (auch B-Märkte genannt) entscheiden oft Gremien, oder einzelne Individuen müssen ihre Kaufentscheide mindestens vor Gremien verantworten können. Entsprechend ist die Faktenlage wesentlich. Klare Argumente wie Nutzen und Kosten sind entscheidend. Umgekehrt ergibt sich oft eine politische Logik aufgrund der Einbindung von Gremien mit ihren formellen und informellen Machtstrukturen, beispielsweise wenn ein Einkaufsteam überzeugt werden muss.

– Auf *K-Märkten* (auch C-Märkte genannt) sind oft nicht nur rein materielle Nutzen- und Kostenüberlegungen ausschlaggebend. Vielmehr werden Kaufentscheide aufgrund von psychologischem Nutzen wie Zugehörigkeit zu einer Gruppe oder Community, oder einem Beitrag zur Identitätsstiftung gefällt (Bieger & Belz, 2004, 136).

Eher moderner ist die Bezeichnung C (Consumer – Endkundenmärkte), B (Business – Geschäftskundenmärkte) und G (Government – staatliche Märkte). Aus der Kombination dieser Typen lassen sich verschiedene Marktkonstellationen ableiten (vgl. Abb. 27).

		Nachfrager der Leistung		
		Consumer	Business	Administration
Anbieter der Leistung	Consumer	**Consumer-to-Consumer** z.B. Internet-Kleinanzeigenmarkt	**Consumer-to-Business** z.B. Jobbörsen mit Anzeigen von Arbeitssuchenden	**Consumer-to-Administration** z.B. Steuerabwicklung von Privatpersonen (Einkommenssteuer, etc.)
	Business	**Business-to-Consumer** z.B. Bestellung eines Kunden in einer Internet-Shopping-Mall	**Business-to-Business** z.B. Bestellung eines Unternehmens bei einem Zulieferer per EDI	**Business-to-Administration** z.B. Steuerabwicklung von Unternehmen (Umsatzsteuer, Körperschaftssteuer, etc.)
	Administration	**Administration-to-Consumer** z.B. Abwicklung von Unterstützungsleistungen (Sozialhilfe, Arbeitslosenhilfe, etc.)	**Administration-to-Business** z.B. Beschaffungsmaßnahmen öffentlicher Institutionen im In- und Ausland	**Administration-to-Administration** z.B. Transaktionen zwischen öffentlichen Institutionen im In- und Ausland

Abb. 27: Transaktionsbeziehungen im E-Commerce
(Quelle: Hermanns & Sauter, 1999, 23)

Märkte ergeben sich wie oben dargestellt aus der Begegnung von Angebot und Nachfrage. Aus der Summierung der Präferenzen verschiedener aktueller und potentieller Kundinnen und Kunden entsteht die Nachfrage. Modellhaft entspricht jeder Punkt (als unendlich kleines

Element einer Nachfragekurve) der Nachfrage eines Kunden und repräsentiert seine individuelle Präferenz d. h. zu einem bestimmten Preis zu kaufen (vgl. Abb. 28).

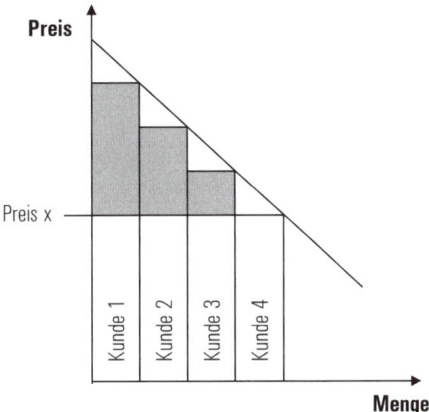

Abb. 28: Zusammensetzung der Nachfrage

2.2.3 Motive, Bedürfnisse, Nutzen und Nachfrage

Die Nachfrage als Kaufpräferenz ergibt sich aus Motiven und Bedürfnissen. Resultat der Befriedigung eines Bedürfnisses ist ein Nutzen.

Bedürfnisse können verstanden werden als empfundener Mangel, der nach einer Befriedigung sucht. Sie wirken vor dem Hintergrund von äußeren (zum Beispiel Informationen oder Referenzgruppen) und inneren Einflüssen (Einstellung, Motive, Lernprozesse usw.; Kuss & Tomczak, 2001, 118ff).

Der *Nutzen* eines Gutes oder einer Leistung ergibt sich dabei direkt aus dem Beitrag zur Bedürfnisbefriedigung (vgl. auch Samuelson, 1961, 41ff). Der Nutzen besteht zum Beispiel in Form einer Heilung von einer Krankheit im Falle medizinischer Leistungen, der Befriedigung von Schutzbedürfnissen im Falle einer Alarmanlage oder reduzierter Produktionskosten im Falle einer neuen Druckanlage.

Motive sind tiefer liegende «Triebkräfte», die durch interne Faktoren (zum Beispiel psychische Werthaltungen wie persönliche Ziele) erklärt werden können und einen Beitrag zur Identität leisten. Motive verändern sich durch externe Einflüsse wie durch den gesellschaftlichen Wandel und interne Einflüsse wie Konsumerfahrung und veränderte Werthaltungen (Bieger, 2009, 48; Kuss & Tomczak, 2007, 65). Motive wie sozialer Status wirken als Ziele oder als tiefer liegende Triebkräfte, aus denen sich konkrete Bedürfnisse wie beispielsweise nach einem repräsentativen Haus ableiten lassen (vgl. auch Heckhausen & Heckhausen, 2010, 5; 193ff).

Ein verbreiteter Ansatz zur Systematisierung von Bedürfnissen liefert dabei Maslow mit seinem Pyramiden-Modell (vgl. Freyer, 1998, 55). Dabei wird zwischen:

- Grundbedürfnisse
- Sicherheitsbedürfnisse
- Soziale Bedürfnisse
- Wertschätzungsbedürfnisse
- und Entwicklungsbedürfnisse unterschieden.

In hoch entwickelten Wirtschaften und Gesellschaften, in denen die ersten Bedürfnisebenen gedeckt sind, spielen soziale und statusbezogene Bedürfnisse eine große Rolle. Pine und Gilmore sprechen von einem Übergang von der Dienstleistungsgesellschaft über eine Erlebnisgesellschaft zu einer Transformationsgesellschaft (Pine & Gilmore, 2011, 275). In dieser ist das vorherrschende Motiv, die dominante, innere Triebkraft des Menschen, alles zu tun, um seinem *Selbstkonzept* nahe zu kommen (angewandt im Tourismus vgl. Beritelli, Bieger, & Weinert, 2005, 309f; zu Theorie Selbstkonzepte vgl. Marsh & Shavelson, 1985, 107).

Es geht um die Verringerung der Distanz zwischen dem aktuellen zum erwünschten Selbstkonzept, beispielsweise durch den Konsum von Symbolgütern in Form von bestimmten Autos oder auch das Erlernen neuer Fähigkeiten oder Sportarten.

Die den neoklassischen wirtschaftswissenschaftlichen Konzepten zugrunde liegenden Entscheidungsmodelle gehen von einem *homo oeconomicus* aus (vgl. u.a. Kirchgässer, 2000, 13ff). Ein Kunde entscheidet nach diesem Konzept aufgrund

- bekannter und messbarer Ziele
- sowie bekannter und bezüglich Zielentscheidung beurteilbarer Alternativen.

Diese Annahmen treffen jedoch in den seltensten Fällen zu. Oft sind die Ziele nicht klar, oder es spielen zusätzliche, nicht quantifizierbare und oft auch von den Entscheidenden nicht erkannte oder verdrängte, verdeckte Ziele eine Rolle. Ebenfalls sind meist nicht alle Alternativen bekannt und / oder es können nicht alle vollständig bewertet werden. Kaufentscheide sind in diesem Sinne nicht rein rationale Entscheidungen, sondern Entscheidungen mit beschränkter Rationalität (bounded rationality, vgl. dazu Simon, 1991, 125ff). In der Forschung können heute zwei Hauptforschungsrichtungen in Bezug auf den Kaufentscheid unterschieden werden (Esch & Levermann, 1995, 8; Vogt & Fesenmaier, 1998, 552):

–   Die *Entscheidungsprozess-Forschung* konzentriert sich auf die Erforschung des Ablaufes der einzelnen Teilentscheide. Es geht im engeren Sinne um das *Tracking* von Entscheidungsprozessen.
–   Die *verhaltenswissenschaftliche Entscheidungsforschung* untersucht die Mechanismen, die bei der Entstehung eines Entscheides wirken. Der Fokus liegt dabei auf den zugrunde liegenden Wahrnehmungs-, Lern- und Verhaltensprozessen.

Im Folgenden werden die Ansätze der Kaufentscheidungsforschung am Beispiel des Tourismus dargestellt. Der Tourismus ist für diesen Zweck besonders geeignet, weil es um Entscheidungen unter hoher Unsicherheit geht (vgl. dazu Jonas, Mansfeld, Paz, & Potasman, 2011, 88; Murray, 1991, 11; Roehl & Fesenmaier, 1992, 17ff). Im Bereich des Erlebnis- und Transformationskonsums und damit des Freizeittourismus sind aufgrund des großen Angebots nie alle Alternativen bekannt. Touristische Kaufentscheide bestehen zudem aus einer Vielzahl von Teilentscheiden wie die Auswahl des Ziellandes, der Destination, der Unterkunftsform, der Reiseart usw. Der Kaufentscheidungsprozess ist nicht nur von Person zu Person, sondern auch je nach Reisesituation unterschiedlich. So kann jemand die Reiseziele seiner Hauptreise nach dem Kulturangebot der einzelnen Länder auswählen und diesem Teilentscheid alle anderen Entscheidungen (Reiseart usw.) unterordnen. Bei seiner Zweitreise steht dann möglicherweise der Entscheid über das Verkehrsmittel (Aufbrauchen von Airline-Meilen) oder der Unterkunftsform (Wellness-Hotels) im Vordergrund.

Als Systematisierungsansatz für die Forschung und die praktische Marketingarbeit kann es trotzdem sinnvoll sein, idealtypische *Reise-Entscheidungsprozesse* zu strukturieren und zu beschreiben. Im sequenziellen Entscheidungsansatz wird die Kaufentscheidung bei Urlaubsreisen dargestellt (vgl. Abb. 29).

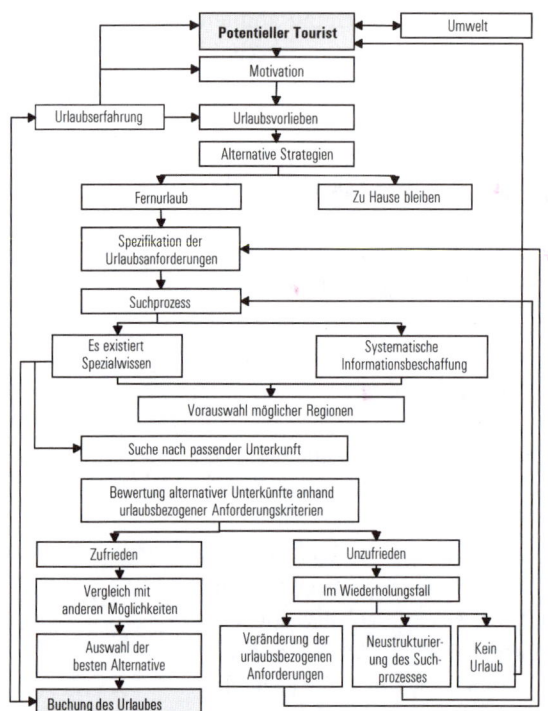

Abb. 29: Kaufentscheidung bei Urlaubsreisen
(Quelle: Goodall, 1988, 4)

Aus Marketingsicht ist es notwendig, die individuellen Präferenzen der Kunden möglichst genau zu kennen. *Kundenverhaltensforschung*, oder auch das sich heute rasch entwickelnde Forschungsfeld Customer Insight, befassen sich deshalb mit Methoden, die das individuelle Kundenverhalten erfassen und mit Modellen, die diese Verhaltensmuster erklären. So sind die im einleitenden Fallbeispiel dargestellten Fragen letztlich nur beantwortbar, wenn das Verhalten der Kundinnen und Kunden sorgfältig analysiert wird.

Für die Erklärung und Analyse des Kundenverhaltens haben sich verschiedene Modelle etabliert. Das Standardmodell ist das sogenannte *S-O-R-Modell* (vgl. Rosenstiel & Kirsch, 1996, 48ff). Interne und externe Stimuli (S) führen über Objektvariablen (O) wie Wahrnehmungs-, Lernprozesse und Kategorisierungsprozesse zu Präferenzen und Grundhaltungen beim Kunden. Dies können beispielsweise externe Stimuli in Form von Marketinginstrumenten wie Preisrabatte oder Werbebotschaften, oder interne Stimuli wie Veränderungen in der Werthaltung sein. Aus dieser Verarbeitung leitet sich dann das R, die Verhaltensreaktion des Kunden oder der Kundin, ab (vgl. Abb. 30).

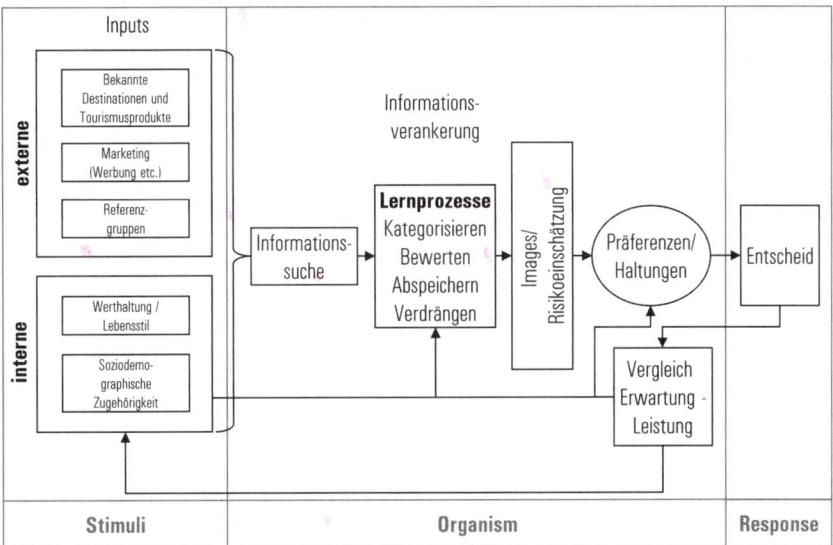

Abb. 30: SOR-Verhaltensmodell
(Quelle: nach Esch & Levermann, 1995; Rosenstiel & Neumann, 1991, 45)

In verhaltenswissenschaftlichen Modellen spielen oft *Rückkopplungen* eine wichtige Rolle, eigentliche Zyklen bspw. in Form von Lernprozessen (in Abb. 30 die Verbindung zwischen dem Vergleich Erwartung-Leistung zur Werthaltung). Inputvariablen führen zu Informationsbedürfnissen und zu einem Informationsverhalten. Die Informationen werden geordnet, bewertet und abgespeichert, allenfalls werden sie auch verdrängt, um innere Spannungen durch Widersprüche zwischen Überzeugungen und Realität abzubauen. Über Lernprozesse entstehen damit Images und Risikoeinschätzungen für gewisse in Frage kommende Produkte oder Destinationen. Diese Lernprozesse führen zu Präferenzen. Nach dem Kauf wird die Reiseerfahrung bewertet. Erwartungen werden bestätigt oder verworfen. Dies führt zu einer Anpassung der Erwartungen oder des Images und determiniert die Wiederkaufswahrscheinlichkeit (vgl. auch Assael, 1987, 30; Correia, 2002, 21ff).

Attributionsmechanismen, über die Ursachen selektiv zugeordnet werden, spielen eine besondere Rolle. Ursachen werden in der Wahrnehmung so zugeordnet, dass möglichst keine Dissonanz mit den inneren Überzeugungen entsteht. Hat ein Tourist beispielsweise ein positives

Bild von einem Reiseorganisator oder einem Hotel, so werden bei einer Panne oder Qualitätsmängeln die Ursachen eher im Umfeld, beispielsweise beim Wetter oder bei der lokalen Bevölkerung, gesucht. In diesem Fall spricht man von Fremdattribution. Erlebt der gleiche Reisende etwas Positives, so wird er aufgrund einer inneren Überzeugung von der hohen Qualität beispielsweise des Hotels die Ursache dafür beim Hotel sehen (vgl. zu Attributionstheorie Heider, 1958).

Moderne Verhaltensmodelle gehen im Sinne der *Theory of Planned Behavior* davon aus, dass vor dem tatsächlichen Verhalten eine Verhaltensabsicht steht. Die Verhaltensabsicht wird dabei insbesondere von der Einstellung zum Verhalten, von der sozialen Norm und der wahrgenommenen Verhaltenskontrolle beeinflusst. Basis dieser Theorie ist die Grundannahme, dass die Mehrheit der Verhaltensweisen eines Individuums unter willentlicher Kontrolle der Person steht. Die Theorie des überlegten Handelns («*Theory of Reasoned Action*») befasst sich dabei mit der Vorhersagemöglichkeit dieser willentlichen Verhaltensweisen und nimmt an, dass Individuen für ihre Verhaltensentscheidungen alle relevanten verfügbaren Informationen mit einbeziehen und sich entlang ihrer Absichten verhalten. Die Einstellung des Individuums und dessen positive oder negative Assoziationen beeinflussen seine Verhaltensabsicht («*Attitude towards the Behavior*»), aber auch die subjektive Norm (z.B. sozialer Druck; Ajzen, 1991). Fishbein und Ajzen identifizierten außerdem die Einflusskomponente wahrgenommene Verhaltenskontrolle («*perceived behavioral control*»). In dieser Erweiterung des Ansatzes wird davon ausgegangen, dass je positiver die Einstellung zum Verhalten und die subjektive Norm ausfallen und je größer die wahrgenommene Verhaltenskontrolle ist, desto intensiver ist schlussendlich die Verhaltensabsicht einer Person (Fishbein & Ajzen, 1975, 179). Zwischen Verhaltensabsicht und tatsächlichem Verhalten gibt es verschiedene Barrieren, beispielsweise fehlendes frei verfügbares Einkommen (Perry & Langley, 2013, 3). Es ist wichtig festzuhalten, dass traditionelle Marktforschungsmethoden meist lediglich die Verhaltensabsicht erfragen. Nur Beobachtung und Customer Tracking können das tatsächliche Kundenverhalten identifizieren (vgl. Abb. 31).

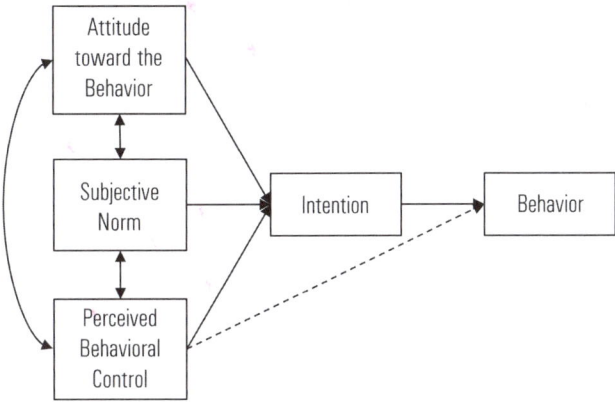

Abb. 31: Theory of planed behaviour
(Quelle: Ajzen, 1991, 182)

2.3   Marktforschungsziele und Datengenerierung

Wie oben am Beispiel der Firma MAMMUT erwähnt, stellen sich in vielen Entscheidungssituationen Fragen in Bezug auf drei Datenarten (vgl. Kuss & Tomczak, 2007, 3):

1.   Quantitatives Nachfragevolumen
2.   Bedürfnisse einzelner Kunden respektive Marktsegmente
3.   Entscheidungsverhalten, d.h. die Reaktion von Kundinnen und Kunden auf den Einsatz von Marketinginstrumenten

Im Hinblick auf strategische Entscheide ist die Analyse von Nachfragetrends nötig.

2.3.1   Erfassung von Marktgrößen, Bedürfnissen und Entscheidungsverhalten

Die Abschätzung des zukünftigen Nachfragevolumens ist für eine Unternehmung von entscheidender Bedeutung und die Grundlage für die Kapazitätsplanung, längerfristige Finanz- und Investitionspläne, und natürlich für strategische Investitionsentscheide. In der Marktforschung werden vier verschiedene «Marktgrößen» definiert (vgl. Abb. 32; vgl. auch Weinhold-Stünzi, 1994, 72ff):

- *Marktkapazität*: Die Marktkapazität ist eine theoretische Maximalgröße; sie bezeichnet das prinzipielle Aufnahmevermögen eines Marktes ohne Berücksichtigung von Preisen und Kaufkraft. Die Marktkapazität ist eine Mengengröße, die sich durch die Größe der Marktbasis (Zahl der Bedarfsträger) verändern kann.
- *Marktpotenzial*: Das Marktpotenzial entspricht der Nachfrage nach einer Leistung zu einem gewissen Preis.
- *Marktvolumen*: Das Marktvolumen umfasst die Summe aller effektiv erzielten Umsätze aller Anbieter in einem Markt. In all jenen Fällen, in welchen die Marktversorgung ausreichend ist, entsprechen sich Marktpotenzial und Marktvolumen. Reichen die Produktionskapazitäten aller Anbieter nicht aus (beispielsweise bei Innovationen), so ist das Marktvolumen kleiner als das Marktpotenzial (vgl. Meffert & Bruhn, 2000, 165).
- Der *Marktanteil* schlussendlich ist die Kennzahl, welche das eigene Produktions- respektive Absatzvolumen im Verhältnis zum Gesamtmarkt setzt. Es hat als Kennzahl eine große strategische Bedeutung, da in vielen Märkten der Mitbewerber mit dem größeren Marktanteil Vorteile beispielsweise in Bezug auf Bekanntheit, Produktionskosten oder Netzeffekten hat. Deshalb hat der Marktanteil in den meisten Marketingzielsetzungen und entsprechend auch in Marketing-Controlling-Cockpits eine wichtige Funktion.

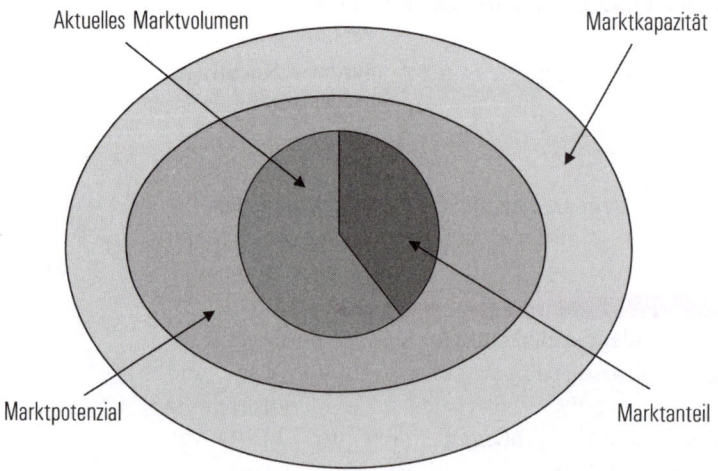

Abb. 32: Marktgrößen

Für das *Marktvolumen* bieten häufig Branchenorganisationen oder auch Marktforschungsinstitute wie Nielsen, die den Absatz bei den Verkaufspunkten (d. h. den Detailhandelsgeschäften) messen, Marktforschungsdienstleistungen an.

Die *Marktkapazität* wird häufig auf Grund von Hochrechnungen mit Bezug auf andere Märkte geschätzt. So kann beispielsweise die Marktkapazität für Flachbildschirme an Hand einer theoretisch maximalen Zahl Fernsehgeräte in Haushalten multipliziert mit der Zahl der Haushalte jetzt oder in Zukunft hochgerechnet werden.

Für die Erhebung des *Marktpotenzials* werden häufig komplexe Befragungsmethoden eingesetzt. Die Zielsetzung besteht darin, nicht nur ein theoretisches Bedürfnis für etwas, das Kunden noch gar nicht kennen, zu erfragen, sondern eine möglichst aktuelle Kaufsituation zu simulieren. Methoden wie das *Conjoint Measurement* sind sogar in der Lage, die Zahlungsbereitschaft des Kunden/der Kundin für bestimmte Produkteeigenschaften zu erfragen. Dafür werden den Befragten theoretische Auswahlsets von alternativen Produkten präsentiert, die jeweils unterschiedliche Eigenschaften und Preise aufweisen. Aufgrund der Auswahl von verschiedenen Produkten kann über ein rechnerisches Verfahren auf die Bewertung einzelner Eigenschaften durch den Kunden/die Kundin geschlossen werden.

Die *Bedürfnisse* der Kundinnen und Kunden sind für Unternehmen von großem Interesse. Wie oben erwähnt, verkauft das Unternehmen am meisten respektive erzielt die höchste Zahlungsbereitschaft, wenn es die Bedürfnisse der Kundinnen und Kunden am optimalsten erfüllt. Ebenfalls dienen Bedürfnisse als wichtiges Segmentierungskriterium für Märkte.

Die Kenntnis der *Reaktion auf den Einsatz von Marketinginstrumenten* ist für eine effiziente, d. h. bezüglich Marketinginstrumenteneinsatz günstige Marktbearbeitung notwendig. Die Kosten für Marketinginstrumente wie Werbung im bezahlten Medienraum oder auch professionell gestaltete Internetauftritte steigen ständig. Die Marketinginstrumente müssen deshalb zielgerichtet und möglichst auf die Verhaltensweise der Kundinnen und Kunden ausgerichtet werden.

Bedürfnisse und auch die Bedeutung von einzelnen Marketinginstrumenten können über Befragungen oder Beobachtungen erhoben werden (vgl. folgendes Beispiel in Abb. 33 & 34).

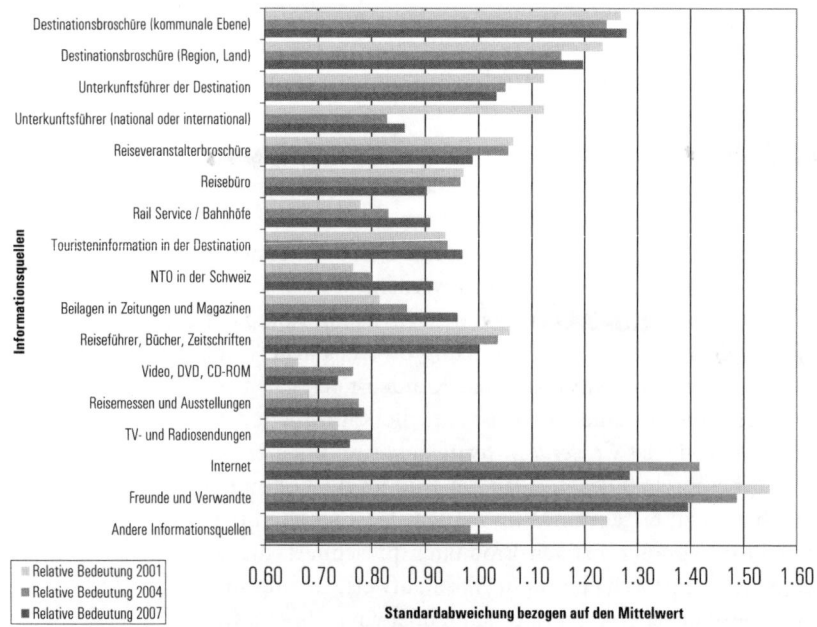

Abb. 33: Bedeutung einzelner Informationsquellen im Tourismus

(Auszug aus dem Reisemarkt Schweiz – Panelbefragung; Laesser & Bieger, 2007, 32)

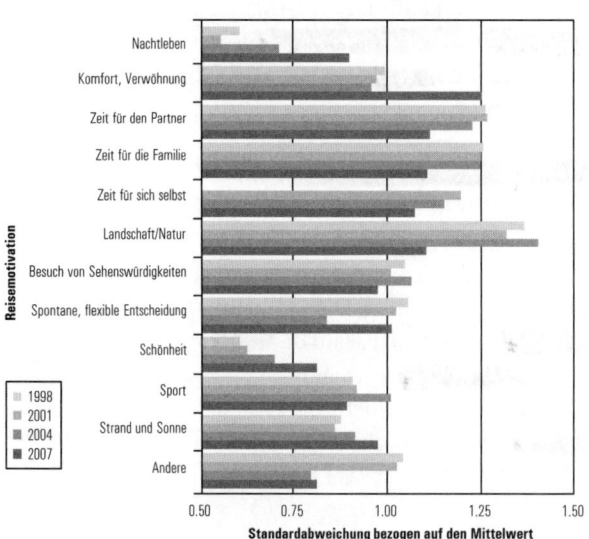

Abb. 34: Travel Motivation (1+ overnights)

(Quelle: Laesser & Bieger, 2007, 33)

Diese Befragungen erfassen dabei nur die wahrgenommene Verhaltensabsicht «stated preferences» und nicht die «revealed preferences», die tatsächliche Bedeutung von Bedürfnissen oder Marketinginstrumenten (vgl. auch Bieger, Wittmer & Boksberger, 2005; Verhoef & Franses, 2003, 467ff). Effekte wie sozial erwünschtes Verhalten oder nicht erkannte innere Beweggründe führen zum Teil zu beträchtlichen Unterschieden zwischen Verhaltensabsicht und tatsächlichem Verhalten. Mit modernen Erfassungsmethoden wie Customer Tracking, aber auch mit Befragungsmethoden mit Conjoint Measurement können validere Resultate gewonnen werden (vgl. Johnston, 1995, 53ff; Matzler, Pechlaner & Siller, 2001, 545ff).

Wichtig bei der Analyse der Wirkung von Marketinginstrumenten ist die Erkenntnis, dass Marketinginstrumente immer parallel verwendet werden. So zeigt die Forschung, dass beispielsweise der Einsatz von Internet-Marketing-Kanälen immer begleitet ist durch andere vertrauensfördernde Informationskanäle (vgl. Becker, 2013; Laesser, 2012, 583ff). Viele Kundinnen und Kunden, die Reiseinformationen aus dem Internet suchen, fragen parallel Freunde und Bekannte um ergänzende Informationen. Häufig werden auch parallel zu den Produktebeschreibungen im Internet weiterhin physische Broschüren verwendet oder bei Online-Buchungen parallel eine Detailabklärung über ein Callcenter gemacht (vgl. Trend zum Multichanneling Schögel, 2012, 392ff).

2.3.2   Trends der Nachfrage und des Angebots

Marketingmanagement ist insbesondere an neuen und dominanten Entwicklungen des Nachfrageverhaltens interessiert. Es geht beispielsweise darum, wichtige und große Trends wie den Outdoor-Trend in der Mitte des Jahres 2010 rechtzeitig zu erkennen und bei diesen Entwicklungen einen First-Mover-Advantage mit Positionierungsvorteilen zu erzielen. Die Kenntnis neuer Formen des Kaufverhaltens erlaubt es, sich segmentspezifisch durch neue Angebote zu positionieren.

Trends können definiert werden als eine Entwicklungsrichtung oder Strömung (vgl. u.a. zu Trends Horx, 1996, 12; Horx & Wippermann, 1996, 65ff). Trendforschung ist für alle Bereiche des Managements von Interesse, gilt es doch, bei der Unternehmensplanung auf allen Stufen zukünftige Entwicklungen mit hoher Qualität voraussagen zu können. Dies bringt aufgrund der verbesserten Planungsqualität Wettbewerbsvorteile.

Im betriebswirtschaftlichen Diskurs haben Trends seit etwa fünfundzwanzig Jahren, seit der Veröffentlichung von Megatrends, einen prominenten Platz (vgl. Naisbitt, 1984). Dabei werden unter *Megatrends* große, «weltumspannende sozioökonomische oder strukturelle Prozesse, die wir als Individuen weder beeinflussen noch ändern können und mit denen wir uns in Zukunft auseinandersetzen müssen» verstanden (Naisbitt, 1984, 69). Trends in diesem grundsätzlichen Verständnis lassen sich nie genau festlegen. Es handelt sich immer um kognitive Konstrukte, mit denen Forscher, insbesondere Marketingfachleute, versuchen, verschiedene Erscheinungen in eine Entwicklung einzuordnen (vgl. Knorr-Cetina, 1989, 86ff). Entsprechend definiert Liebl Trends als «Verknüpfung elementarer Bezugsobjekte zu übergeordneten Bezugswelten» (Liebl, 1996, 35). Je nach Betrachter und Beobachtungshöhe können damit bei gleichen Erscheinungen und Beobachtungen unterschiedliche Trends identifiziert werden. Im Sinne eines pragmatischen Forschungsverständnisses ist ein Trend dann als sinnvoll einzustufen, wenn er einer Gemeinschaft von Betrachtenden, Forschenden oder Handelnden (Manager) dabei hilft, Entwicklungen zu ordnen, zu interpretieren und für die Zukunft Schlussfolgerungen zu ziehen.

Für die Betriebswirtschaftslehre hat *Trendforschung* auf allen unternehmerischen Planungsebenen eine große Bedeutung. Auf strategischer Ebene geht es beispielsweise um die Möglichkeit, Bedrohungen aus verschiedenen Umweltbereichen, wie etwa die Verlagerungen der globalen wirtschaftlichen Wachstumsdynamik von West nach Ost respektive Asien, und die damit veränderten Marktbedingungen rechtzeitig zu erkennen oder planerisch bearbeiten zu können. Auf Marketingebene müssen Entwicklungen und Veränderungen der Kundenbedürfnisse beobachtet werden.

Für die Trendforschung stehen heute – neben der quantitativen Analyse von Entwicklungstrends in Datenreihen – verschiedene Methoden zur Verfügung (vgl. auch Bonderer, 2000, 14; Horx & Wippermann, 1996, 74ff):

- *Scanning* (Medienanalyse, zum Beispiel durch Auswertung verschiedener Zeitungen und Zeitschriften hinsichtlich ihrer Interpretation der Welt und Ableitung von Trends)
- *Semiotik* (Interpretation von Zeichen und deren Deutung, beispielsweise bestimmter Sprachen, Ausdrucksweisen wie Zeichnungen, SMS-Kürzel usw.)
- *Trendmonitoring* (Beobachtung der Entwicklung einer bestimmten Gruppe oder Szene durch Beobachter)

- *Trendscouting* (stark durch den geschulten und erfahrenen Beobachter geprägte Interpretation der Entwicklung einer bestimmten Gruppe oder Szene)
- *Zukunftslabor* (Zusammenzug von Fachleuten aus verschiedenen Bereichen für einen begrenzten Zeitraum, um in Workshops unterschiedliche Sichtweisen und Zukunftserwartungen offen zu legen und zu interpretieren)
- *Szenario-Technik* (Entwicklung möglicher Prämissen und Durchdenken von Entwicklungen auf dem Hintergrund dieser Prämissen mit Ableitung von Konsequenzen)
- *Delphi-Studie* (Mehr-Runden-Expertenbefragung. Dabei werden die Resultate der ersten Fragerunde ausgewertet, zusammengefasst und den Experten mit der Bitte um Überarbeitung ihrer ersten Einschätzung zurückgespielt, wodurch ein gewisser Irrtumsausgleich und eine Verdichtung der Argumente resultiert)

Bei den meisten dieser Methoden werden, ausgehend von Megatrends, Entwicklungen für einzelne Bereiche durchgedacht. Entsprechend den verschiedenen zeitlichen und branchenspezifischen Reichweiten können verschiedene Trendkategorien identifiziert werden (vgl. Abb. 35; vgl. auch Buck, Herrmann, & Lubkowitz, 1998, 56):

1. *Hypes:* extrem kurzfristig und oft nur für einzelne Produkte (etwa der Boom um die elektronischen Tiere, die Tamagochis in den 1990er-Jahren)
2. *Mode-Phänomene:* kurz- bis mittelfristig für einzelne Produktbereiche (auch im Kleidungsbereich wie etwa hochgeknöpfte Jackets)
3. *Mittelfristiger Trend:* im Sinne eines mittelfristigen Branchen- oder Produktetrends (etwa mittelfristiges Interesse an einer spezifischen touristischen Destination)
4. *Langfristiger Grundtrend* im Sinne eines *Megatrends* gültig für die gesamte Wirtschaft oder sogar die ganze Gesellschaft (etwa die zunehmende Überalterung der Gesellschaft)

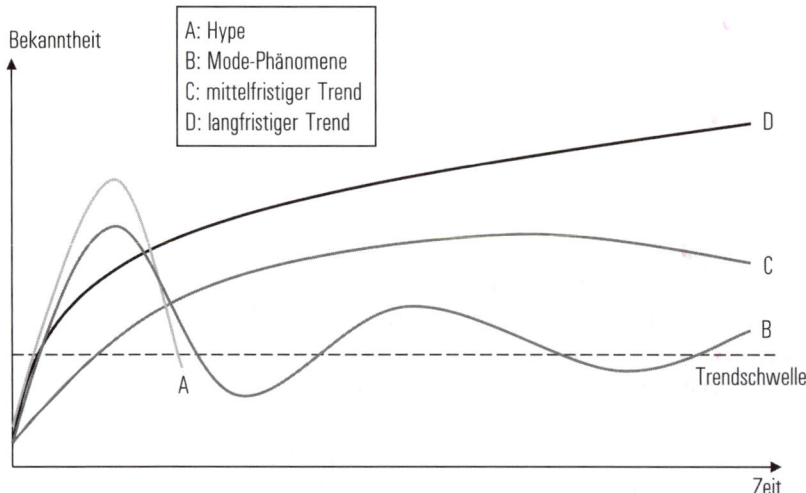

Abb. 35: Trendarten
(Quelle: Buck et al., 1998, 67)

Ausgangspunkt für die Entwicklung eines *kurzfristigen Trends* sind häufig einzelne Szenen/Communities mit ihren Schlüsselpersönlichkeiten. Kurz- und mittelfristige Trends lassen sich oft in längerfristige einordnen oder aus ihnen ableiten. So kann aus dem Trend der Überalterung ein mittelfristig zunehmender Bedarf an Vorsorgeprodukten aus dem Finanzbereich abgeleitet werden. *Wichtige Grundtrends* der heutigen Zeit sind unter anderem

– *Überalterung* der westlichen Industrienationen: Diese dürfte wesentlich den Produktemix unserer zukünftigen Wirtschaft bestimmen. Ebenfalls dürfte die Zunahme der älteren Bevölkerungsteile Einfluss auf gesellschaftliche Wertvorstellungen und politische Gewichte haben (vgl. Horx, 1996, 12ff).
– *Liberalisierung,* nicht nur in der Wirtschaft, sondern auch in der Gesellschaft. Laufend werden gesellschaftliche Normen und in der Folge Gesetze liberalisiert. Beispiele finden sich im Bereich des Zivilgesetzes (Namensgebung), der Liberalisierung einzelner Märkte (Strommarkt) bis zur Etablierung einzelner politischer Themen. Es kann davon ausgegangen werden, dass bestehende Strukturen und Normen zunehmend in Frage gestellt und von neuen, dynamischen Strukturen abgelöst werden.
   Beispielhaft am Trend Liberalisierung zeigt sich auch, dass es kaum einen gesellschaftlichen Trend ohne einen Gegentrend

gibt. So zeigt sich heute auch ein Trend zur Reregulierung in verschiedenen Lebensbereichen. Es werden bis und mit im Freizeitverhalten (vgl. auch Verpflichtung zum Besuch von Hundeschulen, Fischerkursen etc.) Regulierungen erlassen. Auch zeigen sich als Gegenreaktion zur mit der Liberalisierung verbundenen Öffnung Tendenzen der Rückbesinnungen zur eigenen Kultur und eine stärkere Betonung der kulturellen Grenzen (vgl. Ethnotrends, die teilweise geschickt vom Marketing ausgenützt werden; vgl. Huntington, 1996, 104f).

– *Technologisierung*: Neue Technologien durchdringen alle Lebensbereiche. Moderne Tests im Gesundheitsbereich erlauben es, die eigene gesundheitliche Zukunft rechtzeitig abzuschätzen, was ein Motor für Gesundheitsprodukte sein kann. Insbesondere zeigen sich aber auch wichtige Entwicklungen im Bereich der Informations- und Kommunikationstechnologie sowie der Materialtechnologie ab (vgl. auch Kapitel 6.3 Innovationen). Ein wichtiger gemeinsamer Trend dieser beiden Technologiebereiche ist die ständige Miniaturisierung (Alltagsgeräte können immer kleiner hergestellt werden) sowie die ständige Verfügbarkeit von Daten und Informationen. Hier spielen insbesondere Mobile-Applikationen eine Rolle. Kundinnen und Kunden können sich beispielsweise am Verkaufspunkt oder auf einer Reise laufend neu informieren und so Konsumentscheidungen optimieren.

– *Ausdifferenzierung der Gesellschaft*: In praktisch allen Gesellschaften der traditionellen Industrieländer wie auch der BRIC-Staaten zeigt sich eine zunehmende Ausdifferenzierung. Dabei verfügt ein Teil der Bevölkerung über Ausbildung, besondere Begabung oder über besondere Fähigkeiten, die zu sicheren und einträglichen Arbeitsplätzen führen. Ein anderer Teil der Bevölkerung, der weitgehend nur über auswechselbare, meist manuelle Fähigkeiten verfügt, ist mit zunehmend größerer Arbeitsplatzunsicherheit und, weil diese Tätigkeiten auch in Billiglohnländern eingekauft werden können, rückläufigem Einkommen konfrontiert. Dabei hat der Teil der Bevölkerung, der über gute Arbeitsperspektiven verfügt, eine immer größere Zeitknappheit. Deshalb sind Produkte, die Zeit einsparen oder eine größere körperliche oder geistige Leistungsfähigkeit ermöglichen, bei diesem Segment von großer Bedeutung.

– *Multioptionalisierung*: Einzelne Individuen oder auch Entscheidungsgremien haben in allen Lebensbereichen aufgrund der

Globalisierung und Liberalisierung immer mehr Optionen zur Verfügung. Dies führt dazu, dass sich die Bindung beispielsweise zu Bezugsgruppen wie Vereinen, zu Leistungspartnern oder zu Arbeitgebern abschwächt. Individuen möchten sich möglichst lange möglichst viele Optionen offen halten, so dass oft parallel verschiedene Lösungen verfolgt werden (zum Beispiel eine Zusatzausbildung und eine Karriere gleichzeitig) und sich damit generell die Strukturen weiter flexibilisieren (vgl. zur Multioptionalisierung auch Gross, 1994).

– *Individualisierung und Identitätssuche*: Ausgangspunkt und Resultat einer zunehmenden Liberalisierung mit einer immer weiter gehenden Flexibilisierung und Auflösung von Strukturen in allen Lebensbereichen ist eine zunehmende Individualisierung. Diese Individualisierung fordert eine stärkere Auseinandersetzung mit der eigenen Identität. Identität ist ein Begriff aus der Psychologie und Soziologie. Aus psychologischer Sicht ist Identität die Fähigkeit des Individuums, sich selbst als eigenständige Einheit wahrzunehmen und zu erleben. Aus soziologischer Sicht geht es um die Eigenschaften, die Personen oder soziale Gemeinschaften erkennbar und identifizierbar machen (vgl. zu Identitätskonzepten u.a. Frey & Hausser, 1987, 21; Luckmann, 1979). Die stärkere Orientierung an regionalen Strukturen im europäischen Raum, die Wiedererstarkung ethnischer Grenzen oder die Entwicklung, wonach viele Individuen im Rahmen ihrer Arbeitstätigkeit oder auch durch ihren Konsum vermehrt ihre Identität suchen oder zum Ausdruck bringen, lassen sich durch diesen Trend erklären (vgl. Huntington, 1996, 21).

– *Knappheit natürlicher Ressourcen:* Mit einer immer noch rasch steigenden Weltbevölkerung nimmt der CO_2-Ausstoß und damit die Klimaerwärmung zu. Andererseits verschärft sich der Druck auf erneuerbare und nicht erneuerbare Ressourcen. So zeigen auch die immer wieder auftretenden Trockenzeiten im Südwesten der USA große Auswirkungen auch auf die Lebensmittelpreise der ganzen Welt. Das Bewusstsein um die Knappheit der natürlichen Ressourcen wird daher zunehmen. Es ist zu erwarten, dass damit einerseits das Bedürfnis nach echter Natur beziehungsweise natürlichen Produkten (vgl. Trend zu Bioprodukten, zu Reisen an Naturziele) zunimmt. Andererseits werden Produkte, die Zugang zu und Sicherheit bezüglich Ressourcen versprechen (beispielsweise auch entsprechende Finanzprodukte) an Bedeutung gewinnen.

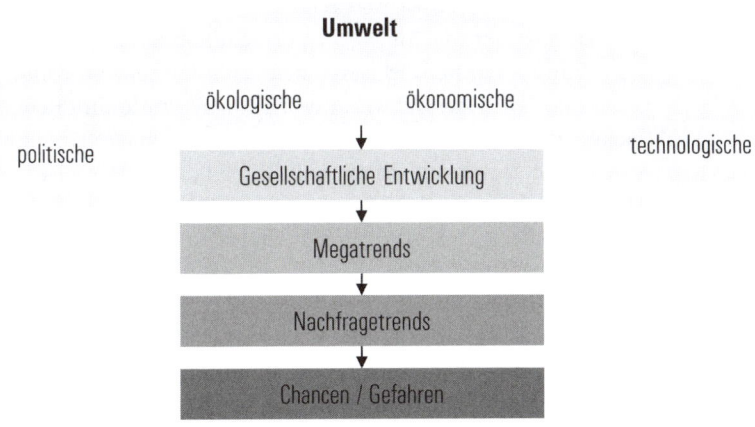

Abb. 36: Trendentwicklung

Neue Trends sind oft das Resultat verschiedener, sich gegenseitig beeinflussender Umweltentwicklungen (vgl. Abb. 36). Für die Identifikation von Trends hat sich deshalb das *vernetzte Denken* in Systemen als Methode etabliert (vgl. Gomez & Probst, 1997). Beispielhaft kann die Entwicklung des Marktes für Roller in der Schweiz dienen (vgl. Abb. 37).

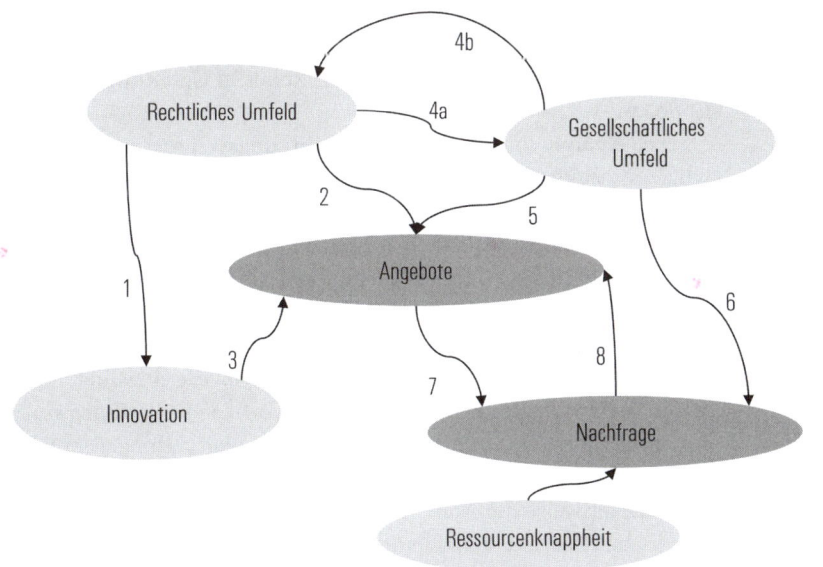

Abb. 37: Systematische Analyse neuer Trends am Beispiel «Roller»

Trends im politischen und rechtlichen Umfeld, beispielsweise die Internationalisierung von Rechtsnormen, können zu neuen Regulierungen führen. Ein Beispiel ist die neue Führerscheinverordnung 2003, die von der EU in der Schweiz übernommen wurde und neue Motorradkategorien zulässt. Diese Veränderung des regulativen Umfeldes führt zu neuen technologischen Innovationen, beispielsweise neuen Elektromotorrädern (vgl. Verbindung 1 in Abb. 37). Damit führt natürlich das rechtliche Umfeld direkt (Verbindung 2) aber auch indirekt über die technologischen Innovationen (Verbindung 1 und 3) zu neuen Produkten. Die rechtliche Veränderung bewirkt eine Änderung der gesellschaftlichen Akzeptanz von Motorrädern im Straßenverkehr wobei die veränderte Akzeptanz wieder ein Treiber ist für weitere rechtliche Veränderungen über politische Prozesse (vgl. Verbindungen 4a und 4b). Aus dem gesellschaftlichen Umfeld können neue Moden auch zu neuen Designformen führen, wie beispielsweise im Motorradbereich die Retrodesigns, was wiederum die Entwicklung neuer Produkte treibt (Verbindung 5). Die Nachfrage wird getrieben durch die Entwicklungen im gesellschaftlichen Umfeld, wie die Notwendigkeit ausreichender Transporte von Personen in die Stadt (Verbindung 6). Mit der Verfügbarkeit neuer Produkte wird ein Angebot für die Erfüllung von Motiven wie Freiheit geboten, was direkt zu einem konkreten Bedürfnis führen kann (Verbindung 7). Die Nachfrage selbst ist ein Motor für die Entwicklung neuer Produkte (Verbindung 8). Diese Wechselwirkungen erklären zusammen mit Rückkopplungen über Ressourcen (Energieverbrauch / Verfügbarkeit von PP) den Boom von Roller in westeuropäischen Metropolen.

Die Analyse solcher integrierten Wirkungssysteme erlaubt eine Abschätzung zukünftiger Entwicklungen, insbesondere wenn das Gewicht und die konkrete Eigenschaft der einzelnen Einflüsse bekannt sind. Systematische Analysen erlauben es auch, rechtzeitig Kippeffekte zu erkennen. Für die Analyse und Auswertung des Einflusses einzelner Elemente auf das Gesamtsystem hat sich die Methode des «Papiercomputers» bewährt (Gomez & Probst, 1997, 72ff; Vester, 1986, 17). In einer Matrix werden auf der Horizontalen und der Vertikalen die einzelnen Elemente des Systems dargestellt, wobei von der Vertikalen (Einflüsse von) auf die Horizontale (Einfluss auf) die einzelnen Verbindungen mit ihrem Gewicht eingetragen werden können. Einfache Auswertemöglichkeiten wie beispielsweise die Addierung des Einflusses eines bestimmten Elementes auf alle anderen Elemente (beispielsweise Horizontalsumme) erlauben schon erste interessante Aussagen (vgl. Abb. 38).

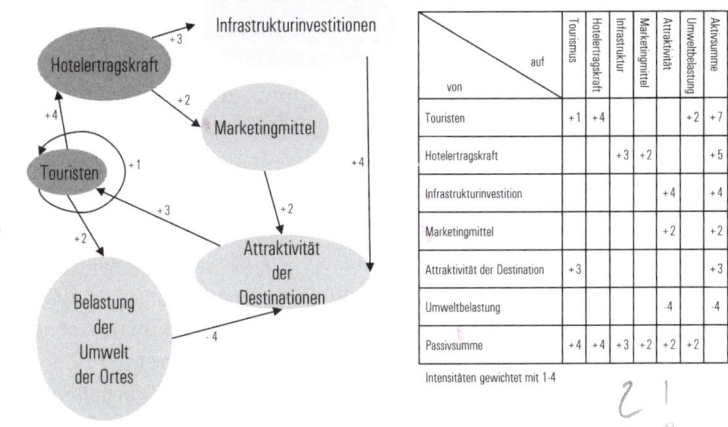

Abb. 38: Beispiel eines vereinfachten Tourismussystems in seiner Dynamik
(Quelle: Bieger, 2010, 68)

2.4 Die SWOT-Analyse als Synthese der Marktanalyse

Die *Marktanalyse* ist der erste Schritt bei der Erarbeitung eines Marketingkonzepts (vgl. Abb. 39).

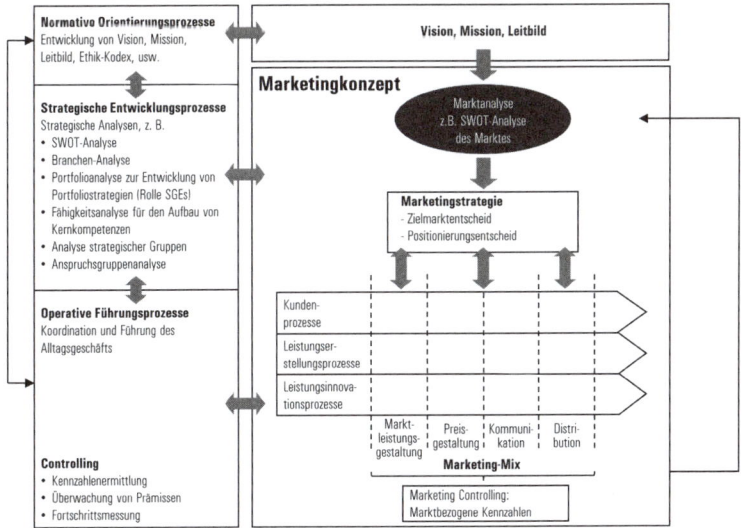

Abb. 39: Marktanalyse im Marketingkonzept
(Quelle: Bieger et al., 2009, 116)

In der Praxis hat sich dabei das SWOT-Raster (SWOT für *Strengths, Weakness, Opportunity, Threats*) durchgesetzt. Dabei unterscheidet sich die *SWOT-Analyse* auf Marketingebene von der SWOT-Analyse auf Unternehmensebene durch die Reichweite. Auf Unternehmensebene werden *Stärken und Schwächen* in Bezug auf alle Unternehmensfunktionen wie Finanzierung/Ausstattung mit Eigenkapital oder strategische Fähigkeiten / Kernkompetenzen analysiert, auf der Ebene der Marketinganalyse geht es um Produktvor- und -nachteile oder Stärken und Schwächen in Bezug auf die Erreichung von Marketingzielen (beispielsweise erreichte Kundenzufriedenheit). Bei der *Chancen-Gefahren-Analyse* werden auf Unternehmensebene Trends wie eine verschärfte Kreditpolitik der Banken beachtet, auf der Ebene der Marketinganalyse geht es um Nachfragetrends und das Verhalten der Konkurrenz.

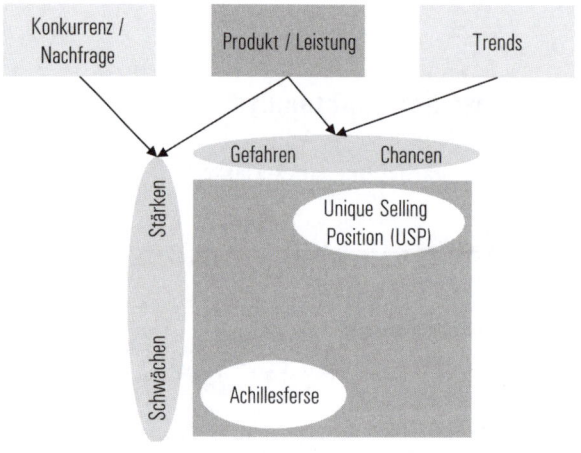

Abb. 40: Raster einer SWOT-Analyse
(Quelle: Bieger et al., 2009)

Durch einen Vergleich der eigenen Produkte und Leistung mit denjenigen der Konkurrenz, beziehungsweise mit den Ansprüchen des Verbrauchers, werden Stärken und Schwächen abgeleitet. Durch eine Gegenüberstellung der Produkte und Leistung mit den Trends werden die zukünftigen Chancen und Gefahren identifiziert (vgl. dazu auch Becker, 2013, 104; Bleicher, 1994, 156ff). Einzelne Faktoren oder Elemente einer Leistung können gleichzeitig eine Stärke sein (beispielsweise ein spezielles Buchungssystem über Internet). Mittelfristig kann eine Gefahr aus der Stärke entstehen, etwa wenn das Buchungssystem hohen Erneuerungsbedarf durch Updates verlangt und damit hohe Investitionen erfordert. Ausprägungen respektive Elemente eines Produktes, die sowohl eine Stärke wie auch eine Chance sind, können als *Unique Selling Proposition* (USP) bezeichnet werden (vgl. Abb. 40). USPs sind überragende Produktevorteile im Markt. So kann bei einem Trend zu immer leichterer Zwischenverpflegung ein spezielles fettarmes Backverfahren eine USP sein.

In der Praxis werden ausführliche Stärken-Schwächen- sowie Chancen-Gefahren-Profile entwickelt. Abb. 41 & 42 zeigen beispielhaft eine SWOT-Analyse für eine Schweizer Tourismusdestination.

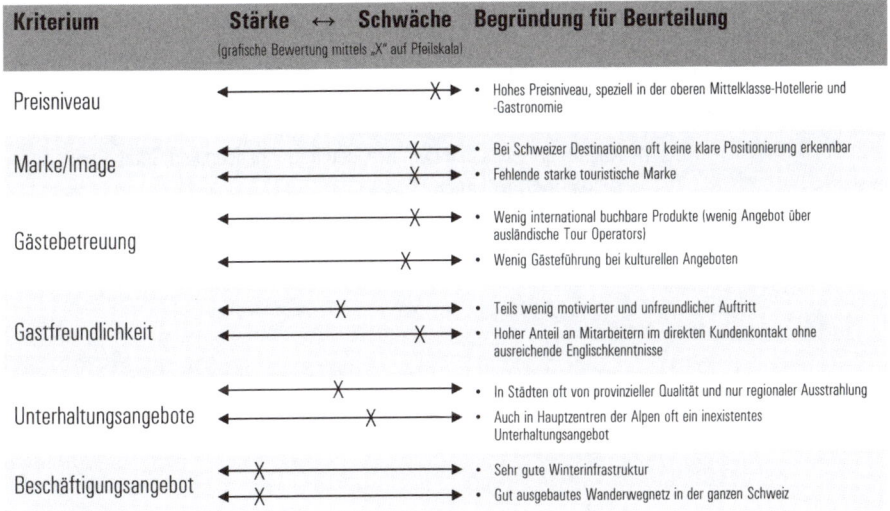

Abb. 41: Angebotsanalyse einer typischen Schweizer Destination
(Quelle: Bieger & Beritelli, 2013, 21)

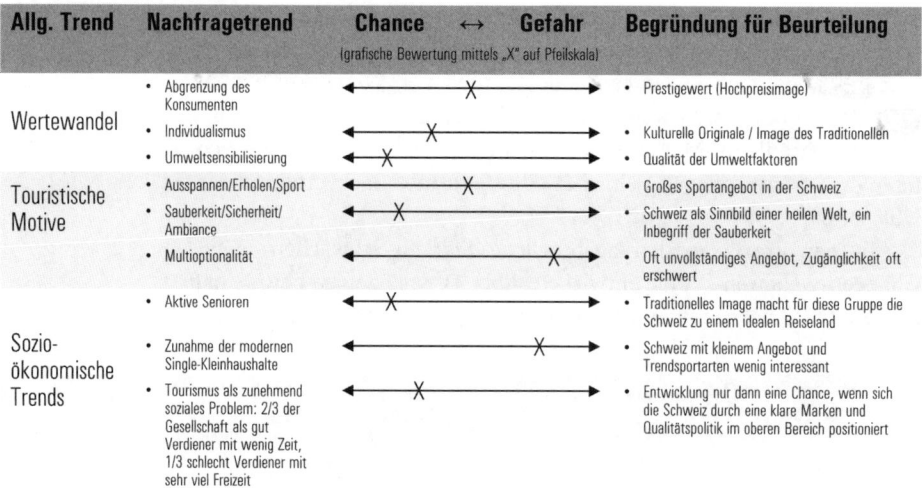

Allg. Trend	Nachfragetrend	Chance ↔ Gefahr (grafische Bewertung mittels „X" auf Pfeilskala)	Begründung für Beurteilung
Wertewandel	• Abgrenzung des Konsumenten		• Prestigewert (Hochpreisimage)
	• Individualismus		• Kulturelle Originale / Image des Traditionellen
	• Umweltsensibilisierung		• Qualität der Umweltfaktoren
Touristische Motive	• Ausspannen/Erholen/Sport		• Großes Sportangebot in der Schweiz
	• Sauberkeit/Sicherheit/Ambiance		• Schweiz als Sinnbild einer heilen Welt, ein Inbegriff der Sauberkeit
	• Multioptionalität		• Oft unvollständiges Angebot, Zugänglichkeit oft erschwert
Sozio-ökonomische Trends	• Aktive Senioren		• Traditionelles Image macht für diese Gruppe die Schweiz zu einem idealen Reiseland
	• Zunahme der modernen Single-Kleinhaushalte		• Schweiz mit kleinem Angebot und Trendsportarten wenig interessant
	• Tourismus als zunehmend soziales Problem: 2/3 der Gesellschaft als gut Verdiener mit wenig Zeit, 1/3 schlecht Verdiener mit sehr viel Freizeit		• Entwicklung nur dann eine Chance, wenn sich die Schweiz durch eine klare Marken und Qualitätspolitik im oberen Bereich positioniert

Abb. 42: Nachfragetrends und daraus abgeleitete Chancen und Gefahren für eine Schweizer Destination

(Quelle: Bieger, 2007, 10; Bieger & Beritelli, 2013, 10)

3 Marketingstrategie – von der Marktsegmentierung zur Positionierungsstrategie

3.1 Fallstudie JURA

JURA – Keeping Pace with Changing Times

■ *Repositionierung zum Luxus- und Genussmittelhersteller*

Die Firma JURA war ein traditionsreicher Elektrohersteller, der sich mit der Herstellung qualitativ hochstehender Elektrogeräte einen guten Namen in der Schweiz machte. Seit 1931 produziert JURA vor allem am Standort Niederbuchsiten alle Arten von Elektrogeräten, von Bügeleisen über Haartrockner bis hin zu Mixstäben. Die Firma JURA war als Marke im Bereich der dauerhaften Konsumgüter in der Schweiz gut verankert. Bis in die 1970er-Jahre war der Markt für Elektrogeräte durch nationale Normen vom Ausland bis zu einem gewissen Grade abgeschottet. Der Elektrogerätemarkt befand sich damals weitgehend in der Phase des Marketings der Stufe 1, den Zugang zu Verbrauchern zu sichern und der Stufe 2 Marktbearbeitung durch u.a. Werbung.

Mit der zunehmenden Öffnung der Märkte für Elektroprodukte verstärkte sich der Druck auf die Preise, dass JURA als Schweizer Unternehmung gegenüber der internationalen Konkurrenz in Bedrängnis kam. Als Emanuel Probst 1991 die Unternehmungsleitung übernahm, hatte JURA keine nennenswerte Marktposition mehr. Die Marktanteile waren auf einem Tiefpunkt, durch hohe Produktionskosten und entsprechend tiefe Margen waren auch die Mittel für Innovationen knapp. Es fehlte an innovativen Produkten. Emanuel Probst war klar, dass für ein Überleben der Marke JURA und des damit verbundenen Unternehmens eine komplette Neupositionierung notwendig sein würde. Seine Zielsetzung war es, die Unternehmung JURA als Schweizer Elektrogerätehersteller zu erhalten und das Überleben zu sichern. Die vorhandenen Ressourcen bestanden in der noch teilweise bekannten Marke (JURA) und der damit verbundenen Swissness als Qualitätsimage.

In einer umfangreichen Marktforschung analysierte die Unternehmung, dass ein Trend in Richtung Genuss und natürliche Produkte bestand. Auf Grund der technischen Stärken, aber auch angetrieben durch den Umstand, dass die großen internationalen Konzerne sich in diesem Bereich noch nicht engagierten, wurde nach einer umfangreichen SWOT-Analyse eine Fokussierung auf Kaffeemaschinen festgelegt. Für die Vermarktung von JURA-Kaffeemaschinen und die Verankerung einer entsprechenden Marke musste eine Marketingstrategie festgelegt werden. In einem fingierten Treffen der Geschäftsleitung könnte etwa wie folgt über die Marketingstrategie diskutiert worden sein:

Geschäftsleiter:

«Nach meiner Erfahrung ist keine Strategie erfolgreich, wenn nicht klare Zielsetzungen als Grundlage dienen. Persönlich bin ich überzeugt, dass wir im Markt für Kaffeemaschinen gute Chancen haben, weil wir eine der Ersten sind, die diesen professionell bearbeiten. Entscheidendes Erfolgskriterium und damit auch Marketingziel wird sein, dass wir rasch einen kritischen Marktanteil erreichen, so dass wir auch als kleiner Hersteller aus der Schweiz in den Köpfen der Verbraucher genügend verankert sind. Als zweites sehe ich als kritischen Erfolgsfaktor, dass wir die durch die Produktion in der Schweiz anfallenden hohen Kosten ausreichend decken können. Dabei müssen wir genügend Margen generieren, um die notwendigen Investitionen in das Marketing für den Aufbau dieser neuen Märkte und die Repositionierung der Marke JURA finanzieren zu können. Die Erzielung ausreichend hoher Durchschnittspreise ist dadurch eine ganz wichtige Marketingzielsetzung. Zudem müssen wir davon ausgehen, dass wir rasch von den Großkonzernen imitiert werden. Wir müssen uns durch regelmäßige Produktinnovationen laufend differenzieren. Ich sehe die Sicherstellung laufender Produktinnovationen deshalb als drittes wesentliches Ziel.»

Die Betriebsleiterin bemerkt:

«Ich sehe die Schwierigkeit, die neuen Produkte in unseren klassischen Handelskanälen absetzen zu können. Wir brauchen eine völlig neue Positionierung. Voraussetzung dafür ist eine klare Zielmarktstrategie. Ich stelle mir vor, dass wir vor allem Personen mit höherem Einkommen, die Wert auf hohen Standard und Lebensgenuss legen und an Technologie interessiert sind, ansprechen sollten. Ich kann mir eine Positionierung als Luxusprodukt für genussorientierte junge Menschen mit ausreichendem Einkommen vorstellen. Differenzieren müssen wir unsere Kaffeemaschinen in diesem Markt vor allem durch Design und Qualität. Sie sollen nicht mehr als reine Küchengeräte, sondern vielmehr als Einrichtungsgegenstände erscheinen.»

Marketingleiterin:

«Das kann ich nur unterstützen. Wir müssen uns jetzt schon bewusst sein, was dies für unsere Instrumentalstrategie bedeutet. Wir werden eine neue Produktkategorie lancieren und in einem weitgehend fragmentierten Markt vor allem Neukundinnen und Neukunden ansprechen müssen. Ich sehe damit ein Schwergewicht in der Instrumentalgewichtung bei Kommunikationsinstrumenten sowie bei der Produktgestaltung. Neben dem Design und der Qualität des Kaffees geht es um Produkteigenschaften wie individuelle Einstellbarkeit des Kaffees für High-Involvement-Kunden und Convenience respektive leichte Bedienbarkeit. Ein neues Produkt müssen wir vor allem über Interesse der Kundinnen und Kunden und Vertrauen verkaufen. Am besten machen wir das, indem wir eine bekannte Persönlichkeit (vorzugsweise einen Sportler), die klassische Schweizer Qualitätskultur international verkörpert, als Sponsorpartner gewinnen und in der Kommunikation nutzen.»

Tatsächlich lancierte JURA 1994 erfolgreich ihre erste Luxusausführung an Kaffeemaschinen mit der Linie Impressa. International wurde diese seit 2006 mit dem Tennisstar Roger Federer vermarktet, mit dem JURA eine langfristige Sponsoringpartnerschaft gründete.

Reflektionsfragen:

1. Welches sind die wichtigsten Marketingziele?

2. Beschreiben Sie den Zielmarkt von JURA und Kaffeemaschinen und grenzen Sie ihn vom Zielmarkt klassischer Filter-Kaffeemaschinen ab.

3. Mit welchen Marketinginstrumenten werden JURA Kaffeemaschinen positioniert?

3.2 Marketingziele

Die *Marketingziele* müssen einerseits mit den Unternehmenszielen, der Unternehmenspolitik sowie mit den Strategien des Unternehmens abgestimmt sein. Andererseits können sinnvolle und realistische Ziele nur in Kenntnis der Ergebnisse einer Marktanalyse festgelegt werden. In der *Marketingstrategie* werden die generellen Wege und Stoßrichtungen zur Erreichung der Ziele des Marketings festgelegt. Dabei kann eine Marketingstrategie verstanden werden als die marketingmäßige Umsetzung der Unternehmensstrategie. Sie legt das Verhalten der Unternehmung im Absatzmarkt fest, indem sie den Zielmarkt, die Differenzierung gegenüber der Konkurrenz, die Positionierung und den Einsatz der

Marketinginstrumente im Grundsatz bestimmt (vgl. Bieger, 2008, 168; Meffert, 1980, 89). Andere Autoren strukturieren den Inhalt einer Marketingstrategie nach der Marktwirkung, zum Beispiel in Marktfeldstrategien, Marktstimulierungsstrategien, Marktparzellierungsstrategien oder Marktarealstrategien (vgl. Becker, 2013, 147).

In jeder Struktur enthält eine Marketingstrategie Aussagen einerseits zu den Zielmärkten (Welche Zielmärkte mit welchen Produkten und welchen Zielen?) und andererseits zum Einsatz der Marketinginstrumente (Mit welchen Instrumenten bzw. Instrumentengruppen sollen zu welchem Zweck welche Ziele erreicht werden?). Die Marketingstrategie selbst ist die Grundlage für die Steuerung des Einsatzes der verschiedenen Marketinginstrumente, aber auch Leistungsprozesse und Leistungsinnovationsprozesse (vgl. Abb. 43).

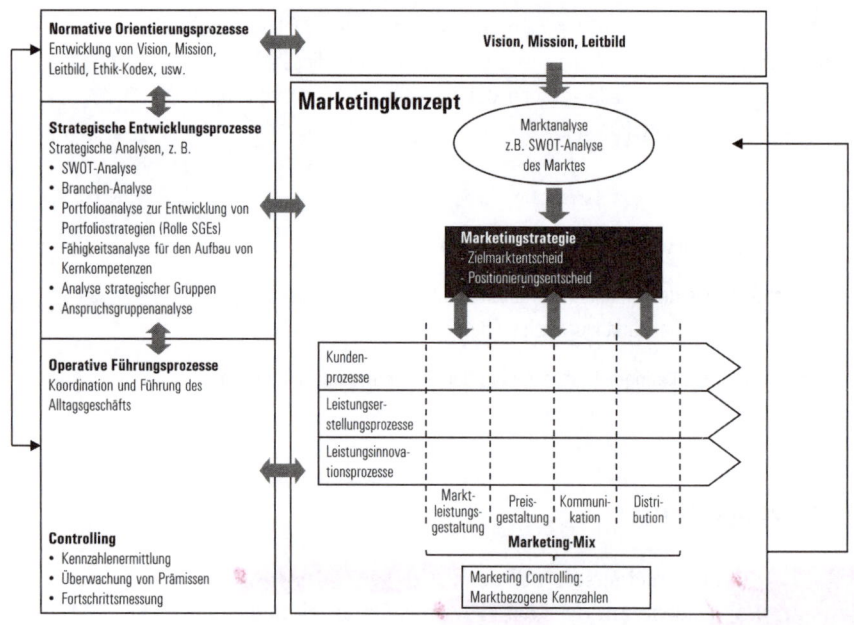

Abb. 43: Marketingstrategie im Marketingkonzept
(Quelle: Bieger et al., 2009, 116)

3.2.1   Unternehmensziele und Marketingziele

Ausgangspunkt von Marketingstrategien sind Marketingziele. *Ziele* werden innerhalb eines Unternehmens in Zielhierarchien zerlegt (Becker, 2013, 84ff). Die gesamte Zielhierarchie hat sich auf die Gesamtunternehmensziele auszurichten. Gesamtunternehmensziele können grob in zwei Dimensionen unterteilt werden (vgl. auch Kapitel 1): Zum Einen geht es darum, dass eine Unternehmung oder eine Organisation ihren Zweck innerhalb der Gesellschaft und Wirtschaft erfüllt, beispielsweise durch die Bereitstellung von günstigen und qualitativ hochwertigen Halbfabrikaten oder die Erfüllung von Mobilitätsbedürfnissen. Die Erfüllung dieser «Zwecksetzung» führt zur wahrgenommenen *Legitimität* der Unternehmung. Zum Zweiten geht es um die Sicherstellung eines Wertes der Unternehmung für die verschiedenen Anspruchsgruppen. Wenn die Anspruchsgruppen an der Unternehmung weiter mitwirken, ergibt sich daraus eine Sicherung der weiteren Existenz der Unternehmung und seiner Entwicklungsfähigkeit. Dabei bezeichnet *Entwicklungsfähigkeit* die Fähigkeit einer Organisation, sich den laufend ändernden Bedingungen in ihrem Umfeld anzupassen (vgl. auch Espejo et al., 1996; Schwaninger, 1994, 13ff).

Wie oben dargestellt, ist es Aufgabe von Geschäftsprozessen, zu diesen Gesamtunternehmenszielen beizutragen. Einerseits, indem Leistungen für Kunden bereitgestellt werden, um damit die Zwecksetzung des Unternehmens zu erfüllen. Anderseits, mindestens bei vollständig im Markt operierenden Unternehmen ohne staatliche Subventionen, um zur Erfüllung des Ziels der Bindung und Abgeltung der Anspruchsgruppen eine ausreichende Wertschöpfung zu ermöglichen. Unternehmen, deren Leistung als nicht mehr relevant oder angemessen wahrgenommen werden, erzielen im Wettbewerb keinen ausreichenden Ertrag mehr und verschwinden. Die beiden Ziele, Leistungserstellung zur Sicherstellung von Kundenwert und Wertschöpfung sind damit verbunden.

Bei Organisationen, die von Subventionen oder anderen Beiträgen Dritter, die nicht Endnutzer sind, profitieren, müssen die Leistungen für diese Dritten sinnvoll und notwendig erscheinen. Dies ist beispielsweise der Fall bei öffentlichen Transportunternehmen, bei denen die direkten Kundenerträge in Form von Ticketverkäufen die Kosten in den seltensten Fällen voll decken. Wenn das Fahrplanangebot von der Bevölkerung erwünscht und von den Regierungsstellen bestellt wird, erhalten diese Unternehmen deshalb eine Abgeltung der öffentlichen Hand. Nutzer, Besteller und Zahler fallen damit auseinander (Bieger & Lorz, 2012, 270).

Auf der Ebene der Marketingziele spielen auch die Bedingungen für die langfristige Erzielung eines ausreichenden Ertrages oder einer ausreichenden Wertschöpfung eine Rolle. Deshalb haben Marketingstrategien meist eine dynamische Komponente und es wird häufig zwischen statischen und dynamischen Marketingzielen unterschieden (vgl. auch Meffert, Burmann, & Kirchgeorg, 2008, 258). Bei statischen Zielen geht es um die kurz- bis mittelfristigen Resultate und Beiträge an übergeordnete Ziele. Die dynamischen Ziele sichern die längerfristige Fähigkeit, die statischen Marketingziele zu erreichen (vgl. Abb. 44).

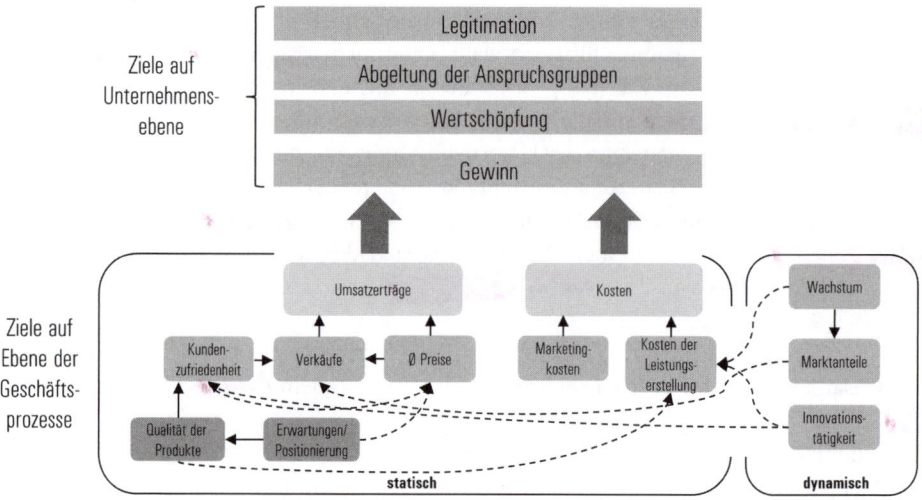

Abb. 44: Zielhierarchie im Marketing (beispielhaft)

3.2.2 Marketingziele im Zusammenspiel

Zur Sicherstellung eines ausreichenden *Ertrags* braucht es einerseits genügend Verkäufe, zum anderen ausreichend hohe Durchschnittspreise. Wenn der Umsatz zwar hoch ist, zur Erzielung desselben aber sehr viel verkauft werden muss, weil die Durchschnittspreise tief sind, so kann wegen der erforderlichen Produktionskosten kaum eine ausreichende Wertschöpfung erzielt werden. Die Zahl der Verkäufe hängt, wie in Kapitel 2 dargestellt, ab ob die Produkte in ihren Eigenschaften den Bedürfnissen der Nachfrager entsprechen, und ob sie auch genügend einfach erhältlich sind. Die Durchschnittspreise hängen von der Qualität der Produkte ab, respektive wie gut sie die Bedürfnisse der Kundinnen und Kunden erfüllen. Zudem hängen die Preise von der Positionierung ab. Ein Produkt, das mit einer Marke hochwertig positioniert ist, stößt auf eine größere Zahlungsbereitschaft. Dies zeigt sich beispielhaft am Kleidermarkt, wo, ausgehend vom gleichen Materialwert unterschiedlicher Produkte bei unterschiedlicher Markenpositionierung markant unterschiedliche Preise erzielt werden können.

Bei den *Kosten* spielen nicht zuletzt die Marketingkosten eine Rolle (beispielsweise im Form von Werbung oder Kosten für die Provisionen des Handels). Auch die Kosten für die Leistungserstellung sind relevant. Beispielsweise steigen die Kosten für die Leistung, je mehr diese nach einzelnen Varianten differenziert wird. Hier ergibt sich auch ein später zu diskutierender Zielkonflikt. Je individueller Produkte ausgestaltet werden, desto höhere Zahlungsbereitschaft kann erzielt werden, weil das Produkt besser die Bedürfnisse des Verbrauchers befriedigt. Auf der anderen Seite steigen die Leistungserstellungskosten auf Grund von komplexeren Leistungserstellungsprozessen, beispielsweise wenn Maschinen oder Produktionslinien häufiger für einzelne Produktvarianten umgestellt werden müssen.

Wichtige *dynamische Marketingziele* auf der Kosten- und Ertragsseite sind Marktanteile und Entwicklungstendenzen der Positionierung. Ein hoher Marktanteil ermöglicht verschiedene potentielle Vorteile

–   Aufgrund einer größeren Relevanz im Markt ist das Produkt bekannter und wird deshalb auch rascher durch seine Bekanntheit gekauft.
–   Aufgrund der großen Produktionsmengen kann die Leistung günstiger erstellt werden (*Economies of Scale*, vgl. Smith, 1976).
–   Vielfach können gerade auch bei Netzprodukten Dominanzeffekte erzielt werden. Der Begriff Netzökonomie beschreibt dabei den «exponentiellen Wertzuwachs eines Netzwerks (hier definiert als Fähigkeit zur Wertschöpfung für seine Teilnehmer) im Verhältnis zur Teilnehmerzahl» (Bernet, 2000, 47). In vielen Märkten ist das Produkt mit dem größten Marktanteil dasjenige, das auch am ehesten in Detailhandelsketten angeboten wird, das die weiteste Distribution erzielt (weil es auch für die Händler am attraktivsten erscheint) und das für den Kunden den meisten Nutzen bringt (weil er an den meisten Orten Händler findet oder Kunden, die ebenfalls das Produkt brauchen).

Entwicklungsrichtungen der Positionierung erlauben, die Zahlungsbereitschaft zu steuern. Durchschnittspreise aller Verkäufe werden gesteigert, indem Kunden zum Kauf höherwertiger Modelle oder Produktvarianten bewegt werden (Diller, 2006, 30ff; Riklin, 2010, 26). So fahren verschiedene Unternehmen sogenannte Upselling-Strategien. (vgl. auch Diskussion Ausgangsmarke/Premiummarke Becker, 2013, 214). Sie positionieren ihre Marken und Leistungen immer höherwertiger um längerfristig die Preise heben zu können.

Auf der Kostenseite spielt das Wachstum der Unternehmung und der damit zusammenhängende Produktions- und Verkaufszuwachs eine wichtige Rolle. Wer mehr produziert und verkauft als die Konkurrenz, der sichert sich einen größeren Marktanteil. Bei höheren Produktionszahlen stellt sich zudem ein *Lernkurveneffekt* ein, wonach beispielsweise intelligentere Designs oder besser strukturierte Leistungserstellungsprozesse entwickelt werden, was wiederum Kosten einspart (vgl. zu Lernkurveneffekten auch Ebbinghaus, 1885, 20ff).

Insgesamt sind die Economies of Scale (Skaleneffekte durch günstigere Produktion bei größeren Mengeneinheiten) und die Lernkurveneffekte (längerfristig Kosteneinsparungen durch Lernen) kraftvolle wirtschaftliche Motoren, die ganze Industrien in ihrer Entwicklung prägen. So sehen wir in verschiedenen Branchen, beispielsweise in traditionellen Produktionsindustrien, aber auch in modernen Dienstleistungs- und Netzwerkindustrien, wie Hotelketten oder Flugunternehmen, Entwicklungstendenzen einer *Konsolidierung*: Die durchschnittliche Unternehmensgröße wird über Austritte von Kleinen oder Fusionen und Übernahmen immer größer.

Ein wichtiges dynamisches Marketingziel ist die *Innovationsintensität*. Dabei spielen alle oben erwähnten Innovationsrichtungen (Marktinnovation, Produktinnovation und Leistungsprozessinnovation) eine Rolle. Oft werden deshalb im Marketingkonzept Ziele beispielsweise für die Erschließung neuer Märkte oder die Entwicklung neuer Produkte definiert. Insbesondere ist eine laufende Erneuerung von Produkten entlang des Produktlebenszyklus entscheidend. Ganze Großunternehmen sind untergegangen, weil sie einem Produktlebenszyklus unterlegen sind. Ein Beispiel dafür ist der amerikanische Film- und Fotografiekonzern KODAK, der auf traditionelle, auf chemische Technologie basierende Bildträger gesetzt hat. Mit dem Aufkommen elektronischer Bildtechnologien und elektronischer Fotoapparate war sein ganzes Sortiment einem Sättigungs- und später Rückgangsprozess unterworfen.

Die Marketingziele werden in Ziele für die einzelnen Marktsegmente und Marketinginstrumente operationalisiert.

3.3 Von der Marktsegmentierung zur Positionierungsstrategie

3.3.1 Segmentierungskriterien und Segmentierungsgrad

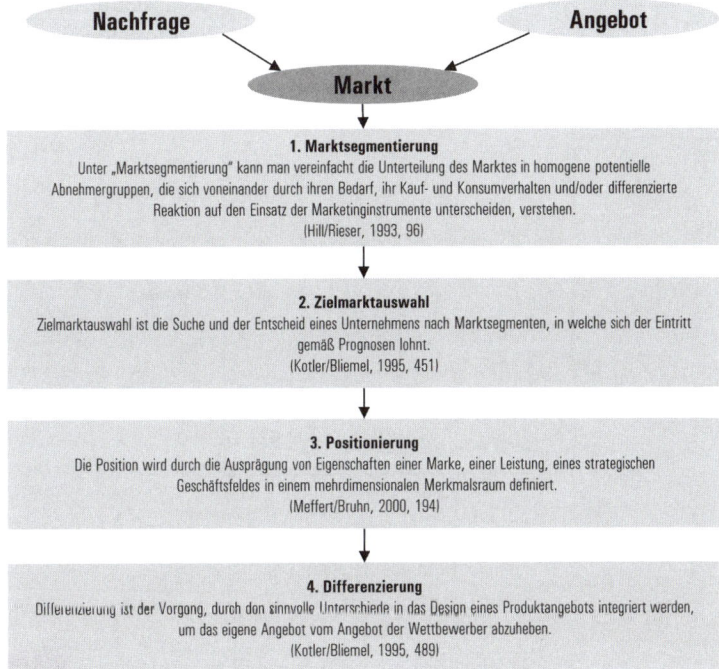

Abb. 45: Von der Marktsegmentierung zur Differenzierung

Abb. 45 zeigt die konzeptionellen Arbeitsschritte bei der *Entwicklung der Positionierungsstrategie*. Nach erfolgter Segmentierung des Marktes wählt ein Anbieter einen Zielmarkt aus, den er bearbeiten will. Die Leistungen werden in der Folge auf diesem Markt positioniert und von der Konkurrenz differenziert.

Unter einem *Marktsegment* kann eine Gruppe von Abnehmern mit gleichen oder ähnlichen Bedürfnissen und / oder ähnlicher Reaktion auf den Einsatz von Marketinginstrumenten verstanden werden (Hill & Rieser, 1993, 24). Der optimale Segmentierungsgrad, d.h. die Größe der optimalen Segmente (zehn, hundert oder tausende Kunden) hängt von den Segmentierungskosten (Kosten für spezielle Produktvarianten und getrennte Marktbearbeitung) sowie den Segmentierungsnutzen (Zahlungsbereitschaft für geeignetere, spezifische Produkte) ab (vgl.

Abb. 46). Durch die Möglichkeiten der modernen Prozess-, Informations- und Automatisierungstechnologie ergeben sich kleinere Kosten für Produktanpassungen und Varianten. Damit steigt die optimale Segmentierungsintensität, die Marktsegmente werden kleiner und individueller (Trend zum Customizing). Insbesondere in Dienstleistungsunternehmen wirken diese Mechanismen im Moment zugunsten kleinerer Marktsegmente, im Extremfall sogar zu einem *One-to-one-Marketing*, bei dem jeder Kunde individuell bearbeitet wird.

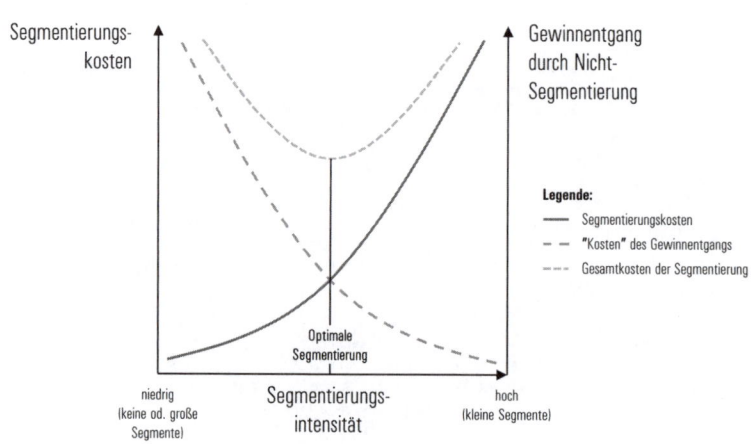

Abb. 46: Optimale Segmentierung
(Quelle: Bieger et al., 2009, 126)

Marktsegmente können nach verschiedenen *Kriterien* abgegrenzt werden (vgl. auch Becker, 2013, 250ff):

–   Motive (bspw. Golfspieler, Einfamilienhausbesitzer)
–   soziodemografische Merkmale (beispielsweise Alter, Geschlecht, Religionszugehörigkeit, Beruf, Einkommen)
–   geografische Merkmale (ländlicher oder städtischer Wohnort)
–   psychografische Merkmale (Werthaltungen, wie liberal, konservativ, individualistisch)

Eine Segmentierung soll sich am Kaufverhalten und Nutzen orientieren.

Mit der erwähnten Auflösung von Strukturen und Normen im Zuge der Globalisierung und Individualisierung verlieren jedoch soziodemografische Segmentierungskriterien zunehmend an Kraft (vgl. Bieger & Laesser, 2002, 75; Kotler, Bliemel, & Keller, 2007, 377; Yankelovich, 1964, 83). Durch die Zugehörigkeit zu einem bestimmten Geschlecht oder zu einer bestimmten Altersgruppe wird heute nicht gleich auf die Werthaltung oder das Konsumverhalten einer Person geschlossen. Die Bedürfnisse sind heute viel stärker und z.B. durch die Lebensphase, die Kaufsituation oder die psychografische Struktur der Person bestimmt.

Bei einer Marktsegmentierung stellt sich damit primär die Frage, welches Kriterium in der Lage ist, die schärfsten und von der Größe der resultierenden Marktsegmente her sinnvollsten Differenzierungsmechanismen zu bieten. Ebenfalls muss die Operationalisierbarkeit beachtet werden, beispielsweise ob die entsprechenden Segmente überhaupt sinnvoll mit Marketinginstrumenten bearbeitet werden können, ob zum Beispiel Kommunikationskanäle wie spezielle Zeitschriften bestehen. Beispielsweise dürften im Skimarkt soziodemografische Merkmale wie das Alter oder die Sportlichkeit entscheidend sein, während im Automarkt oft psychografische Merkmale trennschärfer sind. Um die geeignetsten Kriterien zu finden, die einen Bezug zum Kaufverhalten aufweisen und mit deren Hilfe es auch praktisch möglich ist, Marktsegmente voneinander abzugrenzen, werden folgende *Anforderungen an Marktsegmentierungsmerkmale* definiert (vgl. Freter, 1983, 18ff):

- *Kaufverhaltensrelevanz*
  Das Ziel ist es, die Segmente so abzugrenzen, dass sie in Bezug auf das relevante Kaufverhalten in sich homogen, untereinander jedoch heterogen sind. Es stellt sich die Frage, ob die gewählte Marktsegmentierung Marktsegmente mit unterschiedlichen Kaufverhalten trennt.

- *Aussagefähigkeit* für den Einsatz der *Marketinginstrumente*
  Als weitere Anforderung müssen die Ausprägungen der Segmentierungskriterien Ansatzpunkte bieten, die den gezielten Einsatz der Marketinginstrumente ermöglichen. Es ist zu prüfen, ob sich die gewählten Marktsegmente unterschiedlich mit Marketinginstrumenten bearbeiten lassen.

- *Zugänglichkeit*
  Durch die Segmentierungskriterien sollten zugängliche Segmente abgegrenzt werden. Dem Unternehmen muss es möglich sein, die Marketinganstrengungen über Kommunikations- und Distributionskanäle auf das gewählte Segment auszurichten.

- *Messbarkeit (Operationalität)*
  Es stellt sich die Frage, ob sich die Segmentierung statistisch abgrenzen lässt, so dass einzelne Segmente gemessen werden können. Die einzelnen Segmente müssen mit vorhandenen Markt-

forschungsmethoden erfasst werden können. Als Voraussetzung dafür müssen sie beispielsweise mit entsprechenden Kriterien klar abgrenzbar sein.

Die Segmentierung der Konsumenten nach sozioökonomischen Merkmalen ist beispielsweise leicht abgrenzbar, da Unternehmen oft auf sekundärstatistisches Material zurückgreifen können und sich diese Kriterien mit den Methoden der Marktforschung einfach operationalisieren lassen.

– *Zeitliche Stabilität*

Da sowohl die Planung segmentspezifischer Marketingmaßnahmen als auch die Durchdringung eines Segmentes Zeit und große finanzielle Mittel beanspruchen, sollten die Kriterien eine Aussagefähigkeit über einen längeren Zeitraum hinweg besitzen. Es ist beispielsweise davon auszugehen, dass die mit Hilfe sozioökonomischer Kriterien gebildeten Segmente eine hohe zeitliche Stabilität aufweisen. So lässt sich zum Beispiel der Altersaufbau der Bevölkerung gut prognostizieren.

– *Wirtschaftlichkeit*

Die Segmentierungskriterien sollen Segmente abgrenzen, deren Bearbeitung wirtschaftlich sinnvoll ist. Das bedeutet, dass die Kosten der Segmentierung durch die resultierenden Mehrerträge kompensiert werden müssen. Es stellt sich hier die Frage, ob die Marktsegmente ausreichend groß und effizient bearbeitbar sind (vgl. oben: optimaler Segmentierungsgrad).

Oft werden über mehrere Stufen Segmentierungen operationalisiert. In der Praxis hat sich dabei das Prinzip des Entscheidungsbaums bewährt: In einer ersten Stufe wird das Kriterium, das verkaufs- und verhaltensrelevante Segmente am stärksten differenziert, angewendet. In einer nächsten Stufe können Subsegmente aufgrund eines zweiten, sekundär wichtigen Kriteriums gebildet werden (vgl. Abb. 47).

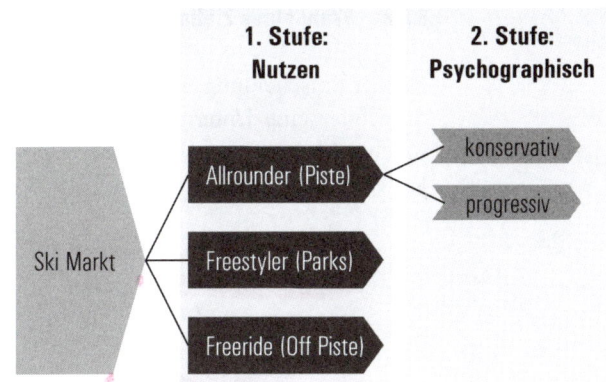

Abb. 47: Mehrstufige Marktsegmentierung für den Skimarkt

Heute stehen multivariate statistische Verfahren wie Clusteranalysen zur Verfügung, die es erlauben, mit statistischen Methoden Marktsegmente abzugrenzen. Diese Verfahren ordnen einzelne Kunden aufgrund ihrer Motive (selbst deklarierte oder extern beobachtet) oder Kaufverhaltensweisen in homogene Gruppen (vgl. Abb. 48).

Cluster #	Cluster 1	Cluster 2	Cluster 3	Cluster 4
Cluster denomination	Rest and relaxation	Family holiday	Curious hedonism	Social matters
Market share	34.5%	34.7%	21.9%	8.9%
Type of motive activation	PUSH	RATHER PUSH	RATHER PULL	PULL
Profile variables	Rest and relaxation	Time for the family	Visit/ experience sights/ culture; expand horizon	Other
Predominant motivation (rank order within cluster)	Experience landscapes and nature	Sports (active)	Experience landscapes and nature	Enjoy nightlife
	Get away from it all (daily routine)	Get away from it all (daily routine)	Get away from it all (daily routine)	Termination of a phase in one's life by a trip
	Regeneration from daily home routine and job	Experience landscapes and nature	Enjoyment of comfort and pampering	Experience of adventure and perhaps even risk
	Time for partner	Ability to make flexible, spontaneous decisions	Make contact with new people	Do something for my beauty
	Time for oneself	Challenge and stimulate oneself		Search for esteem
	Liberation from obligations (and relations)	Experience of nativeness		Prestigious character of trip
	Sun and beach	Experience of exotic		

Abb. 48: Statistische Marktsegmentierung nach Motiven mit Hilfe von Cluster Analysen

(Bieger & Laesser, 2005, 37)

3.3.2 Wahl eines Zielmarktes

Bei der Entscheidung, auf welche Marktsegmente eine bestimmte Leistung oder eine Unternehmung als Ganzes ausgerichtet werden soll, welches Marktsegment somit der Zielmarkt sein soll, spielen folgende Kriterien eine Rolle:

– Marktgröße (vgl. Definition verschiedener Marktgrößen S.64)
– Bearbeitungskosten: Kosten für den Einsatz von Leistungsanpassungen und Marketing (zum Beispiel besondere Kommissionen in der Distribution)
– Strategische Bedeutung eines Marktes: Zum Beispiel Bedeutung als Lead-Zielgruppe für die Erschließung anderer Zielmärkte oder die Bedeutung für den Verkauf anderer Leistungen wie hochrentable Verbrauchs- oder Zusatzprodukte.

Auf Basis dieser Kriterien können einzelne Varianten von Zielmärkten gegeneinander abgewogen werden.

3.3.3 Positionierung

Durch die Ausstattung der Leistung mit Eigenschaften wie Qualität oder Image ergibt sich die *Positionierung* im Markt. Meffert und Bruhn definieren Positionierung als eine Position, die durch die Ausprägung von Eigenschaften einer Marke, einer Leistung, eines strategischen Geschäftsfeldes in einem mehrdimensionalen Merkmalsraum definiert wird. Neben Marken können Leistungen, strategische Geschäftseinheiten oder ganze Unternehmen aufgrund der wahrgenommenen Ausprägungen von Eigenschaften eine bestimmte Position in einem mehrdimensionalen Merkmalsraum erhalten (Meffert & Bruhn, 2000, 175).

Eine Positionierung muss auf Stärken des Angebotes aufbauen und relevante Bedürfnisse im gewählten Zielmarkt ansprechen. Positionierungen können verbal beschrieben oder grafisch dargestellt werden. Abb. 49 präsentiert verschiedene Formen der *Darstellung von Positionierungen*. In der Praxis am weitesten verbreitet ist die Darstellung in einer Matrix, die einen zweidimensionalen Merkmalsraum aufspannt. Mehrdimensionale Merkmalsräume können durch semantische Differenziale oder durch «Spinnwebendarstellungen» abgebildet werden.

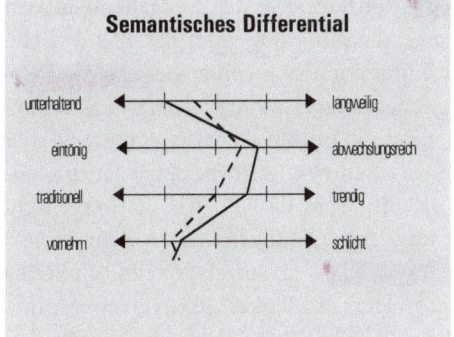
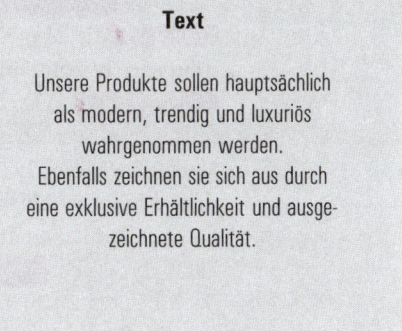
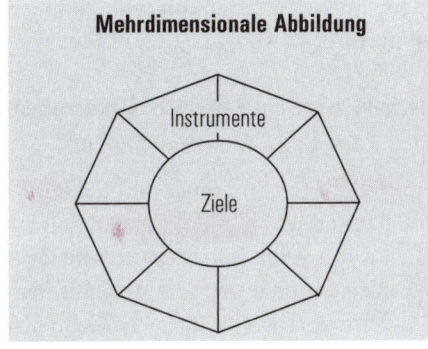
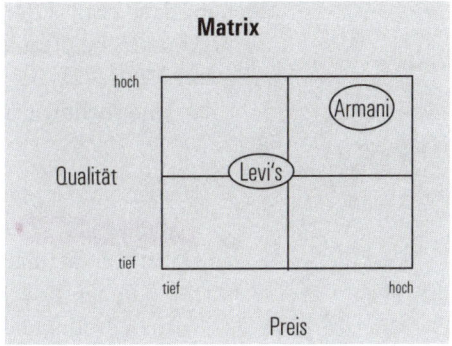

Abb. 49: Darstellungsarten von Positionierungen

(Quelle: Bieger, Scherer, Bischof, & Laesser, 2003, 179)

3.4   Von den Kundenprozessen zur Instrumentalstrategie

3.4.1   Determinanten des Instrumenteneinsatzes

Bereits in Kapitel 1 wurde das Konzept der Kaufprozesse eingeführt. Es handelt sich um die Kundensicht der einzelnen Phasen des Entscheidungs- und Wiederkaufprozesses (vgl. Abschnitt 1.5.2). Der Kundenprozess erfolgt dabei in verschiedenen Kreisen. Der erste Kreis entspricht dem erstmaligen Kauf. Die Kontaktphase (in der eine Aufmerksamkeit für ein Produkt oder ein Bedürfnis erregt wird), die Evaluationsphase (in der einem Interesse nachgegangen wird und ein Bedürfnis entwickelt wird) und die tatsächliche Kaufphase entsprechen dem weiter oben dargestellten AIDA-Prozess eines Erstkaufs. Darauf folgen weitere Kreise der Reevaluation und des Wiederkaufs.

Das traditionelle Marketing konzentrierte sich weitgehend auf den Erstkauf. Mit dem Verkauf einer Leistung war quasi das Ziel erreicht. Man spricht heute in diesem Zusammenhang von einem *transaktionalen Marketing*. Wie ebenfalls weiter oben erwähnt wurde, ist die Neuakquise eines Kunden oder einer Kundin um ein Mehrfaches teurer als der Verkauf weiterer Leistungen an einen bestehenden, zufriedenen Kunden. Moderne Marketingkonzepte legen deshalb das Schwergewicht auf den Aufbau langfristiger Kundenbeziehungen. Man spricht deshalb auch von einem *relationalen Marketing* (vgl. zu relationales Marketing auch Becker, 2013, 42; Kleinaltenkamp & Plinke, 1995; vgl. zu transaktionales Marketing Li & Nicholls, 2000, 449). Damit eine Kundenbeziehung langfristig erfolgreich ist, muss der langfristig vom Kunden wahrgenommene Kundenwert maximiert werden (Rudolf-Sipötz & Tomczak, 2001, 22).

Ein Unternehmen muss deshalb auch ein Interesse daran haben, dass

1. in der Nutzungsphase ein Kunde/eine Kundin das Produkt richtig nutzen kann, richtig nutzt und eine Zufriedenheit damit erfährt. Marketinginstrumente wie After-Sales-Service, mit dem Kundinnen und Kunden zuerst einmal den Umgang mit dem neuen Produkt oder Gerät lernen respektive über den Gebrauch informiert werden, sind deshalb notwendig. Es geht aber auch um die laufende Aufrechterhaltung einer positiven emotionalen Beziehung zum gekauften Objekt. Kundinnen und Kunden erfahren nach dem Kauf immer wieder von anderen Produkten und kommen dabei in Zweifel, ob sie die richtige Kaufentscheidung getroffen haben. Es entsteht eine sogenannte *kognitive Dissonanz* (vgl. Festinger, Irle & Möntmann, 1978, 17). Mit geeigneter Information und Kommunikation auch nach dem Kauf muss das Unternehmen versuchen, die positive Haltung der Käufer zu seinem Produkt aufrechtzuerhalten. Automobilunternehmen machen das, indem sie über ihr Händlernetz eine optimale Autoübergabe- aber auch Reparaturservice, der bis zur Mobilitätsgarantie gehen kann, sichern. Kundinnen und Kunden werden mit teilweise Club-ähnlichen Gefäßen über Magazine und Veranstaltungen weiter kommunikativ an den Hersteller gebunden.

2. die Kunden möglichst friktionslos in Wiederkaufzyklen geleitet werden.
    Eine Voraussetzung dafür ist natürlich eine aus Kundensicht befriedigende Nutzungsphase. Es geht aber auch darum, Ver-

änderungen der Kundenbedürfnisse Rechnung zu tragen und geeignete Produkte zur Verfügung zu stellen. Auch hier gibt es positive Beispiele von Automobilherstellern. Diese bieten dem Lebenszyklus eines Kunden angepasste Produktalternativen rechtzeitig und aktiv an, beispielsweise einfacher zu fahrende Fahrzeuge mit Automatikgetriebe in einer reiferen Lebensphase oder günstigere Einstiegsmodelle für Kinder von Kundinnen und Kunden.

Im Marketing werden entsprechend zwei Grundaufgaben bezüglich des Kaufzyklus unterschieden:

– Die Kundenakquise
– Die Kundenbindung

Bei der *Kundenakquise* gibt es unterschiedliche Herausforderungen je nach Reifephase einer Branche. Bei einer neu entstehenden Branche sind die Anbieter häufig noch nicht konsolidiert. So gab es beispielsweise zu Beginn des Snowboard-Booms eine Vielzahl von relativ kleinen, unabhängigen Herstellern. Gleichzeitig war die Marktdurchdringung respektive die Ausschöpfung des Marktpotentials noch klein. Die Strategie bei der Kundenakquise musste sich deshalb auf die Gewinnung von bisherigen Nicht-Verwendern und Neukunden konzentrieren (vgl. auch Abschnitt 1.5.2 und Abb. 50). Umgekehrt ist bei einer reifen Branche der *Konzentrationsgrad* häufig sehr hoch. So ist beispielsweise im Fluggeschäft der Markt in Europa weitgehend zwischen drei global tätigen Allianzen aufgeteilt. Ebenso ist das Marktvolumen nahe beim Marktpotential. Entsprechend muss das Schwergewicht der Kundenakquise bei der Abwerbung von Kunden von der Konkurrenz liegen.

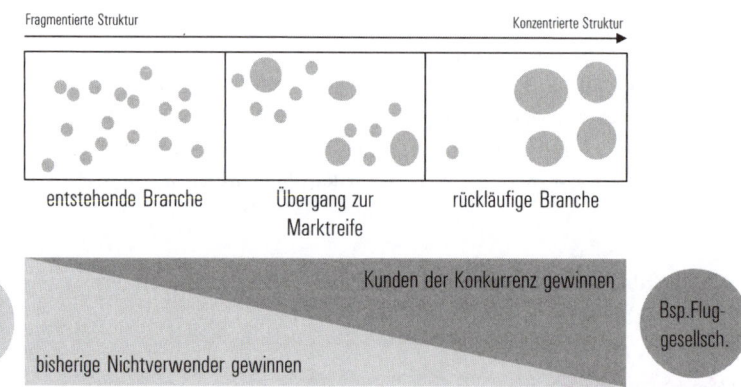

Abb. 50: Branchenumfeldbedingungen und Grundstrategien der Kundenakquisition
(Quelle: ergänzt nach Karg, 2001, 20)

Ein weiterer wichtiger Unterschied bei der Kundenakquise besteht darin, ob sich beim jeweiligen Kunden die jeweilige Produktkategorie in einem High- oder Low-Involvement-Bereich befindet (vgl. zum Involvement-Konzept Kuss & Tomczak, 2007, 64ff). *High-Involvement-Entscheide* zeichnen sich durch extensive Kaufentscheidungen aus, bei denen Kundinnen und Kunden Produktunterschiede auf Grund hoher Informationsaktivitäten und Sachkenntnis markant wahrnehmen. Häufig nehmen sich Kunden auch viel Zeit. Der Kauf ist teilweise sogar eine eigentliche Freizeitaktivität und generiert selbst Nutzen. Ob ein Kaufentscheid ein High-Involvement-Entscheid ist oder nicht, hängt nicht alleine von der Produktkategorie ab. So kann der Kauf eines neuen Automobils für jemanden durchaus auch eine *Low-Involvement-Entscheidung* sein, die man beispielsweise den Kindern oder dem Garagisten delegiert. Für einen anderen Kunden dagegen ist der Autokauf ein Hauptinteresse, in das die Person sehr viel Zeit investiert. Die Kenntnis der Art des Entscheidungsprozesses respektive der Bedeutung der einzelnen Marketinginstrumente ist deshalb von großer Bedeutung für Marketingverantwortliche.

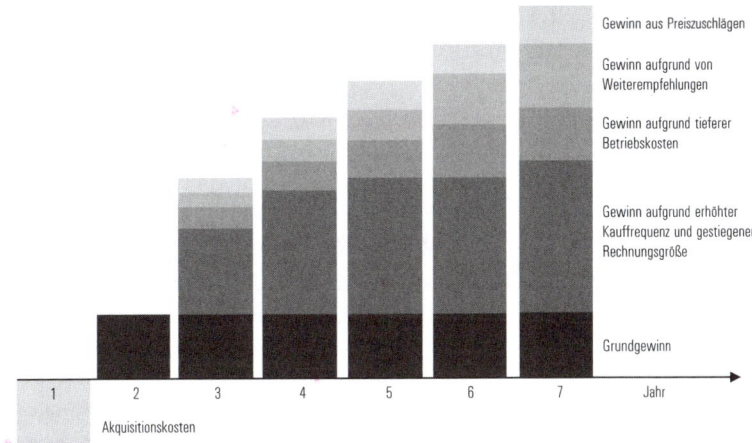

Abb. 51: Warum Kundenbindung rentiert
(Quelle: Reichheld & Sasser, 1990, 106)

Wie oben erwähnt, sind langfristig gebundene Kundinnen und Kunden rentablere Kunden (vgl. Abb. 51). Je nach Produktkategorie und Kundenkategorie kann die Zielsetzung der *Kundenbindung* entweder darin liegen, bestehende Potentiale zu erhalten oder bestehende Potentiale sogar auszubauen (vgl. Abb. 52). Bei der ersten Zielsetzung, der Erhaltung bestehender Potentiale, geht es darum, kontinuierlich Wiederkäufe zu erzeugen und *Kundenmigration* zu verhindern. Dabei kann die Kundenmigrationsrate (wie viel Prozent der Kundinnen und Kunden wechseln zu anderen Anbietern, wie viel Prozent der Kundinnen und Kunden von Konkurrenten wechseln zu uns) durchaus auch eine relevante Marketingzielsetzung sein. Mit gezielten Maßnahmen wie z.B. bei Herstellern von Kaffeekapselsystemen oder Druckern technische Standards, können Wechselbarrieren und eine Lock-in-Situation geschaffen werden.

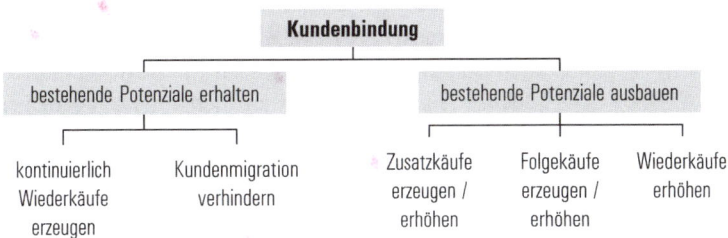

Abb. 52: Hauptaufgaben der Kundenbindung
(in Anlehnung an Dittrich, 2002, 138; Tomczak et al., 2009, 69)

Bei der Strategie, *bestehende Potentiale auszubauen,* geht es darum (vgl. (vgl. auch Tomczak et al., 2009, 71):

- *Zusatzkäufe* zu erzeugen, respektive zu erhöhen, beispielsweise indem ein Hersteller nicht nur ein Produkt, sondern auch andere, oft verbundene Produkte (bei einem Skihersteller auch noch Skibekleidung) verkauft. Man spricht hier von einer Erhöhung des *Share of Wallet* (vgl. Diller, 1995, 445f)
- *Folgekäufe* von anderen Kundinnen und Kunden zu erzeugen über Weitergabe positiver Erfahrungen und Empfehlungen durch zufriedene Kunden. Man spricht hier von sogenanntem *Word of Mouth*, Weiterempfehlungen (vgl. Arndt, 1968, 19; Kawakami, Kishiya & Parry, 2013, 17ff; Richins, 1983, 69)
- die Zahl und den Rhythmus der *Wiederkäufe* zu intensivieren, beispielweise in dem die Nutzung erhöht wird. Dies ist dann der Fall, wenn es gelingt, Kundinnen und Kunden dazu zu überzeugen, ein Putzmittel häufiger einzusetzen.

3.4.2 Das Schwergewicht des Marketinginstrumenteneinsatzes im Marketingmix

Das *Schwergewicht des Marketinginstrumenteneinsatzes* und die Zielsetzung bezüglich einzelner Instrumente ist je nach Phase im Kaufzyklus, Schwergewicht bezüglich Kundenakquise oder -bindung und Ausprägung der Marktkonstellation, unterschiedlich. Im Rahmen einer Instrumentalstrategie geht es darum, das Gewicht, die Zielsetzung und allenfalls zeitliche Koordination einzelner Marketinginstrumente innerhalb eines Marketingmixes festzulegen.

Ein *Marketingmix* kann definiert werden als eine «im Hinblick auf die Erreichung der langfristigen strategischen und kurzfristigen operativen Marketing- und Unternehmensziele in einer bestimmten Periode getroffene Auswahl von Marketinginstrumenten auf ihrem qualitativen und quantitativen Niveau,» (in McCarthy, 1960, 42; Meffert & Bruhn, 2000, 971). Die verfügbaren Instrumente werden heute in Instrumentengruppen eingeteilt, wobei die am meisten verbreitete Typisierung das Vier-P-Schema ist (Kotler & Bliemel, 1999, 20f). Die einzelnen Instrumente werden dabei den vier Grundtypen Promotion (Kommunikationsinstrumente), Placement (Platzierungs- bzw. Distributionsinstrumente), Price (d.h. Preis- und Kontrahierungsinstrument) und Product (Produktgestaltung) zugeordnet (vgl. auch Abb. 53).

Marktleistungs-gestaltung bzw. Produktpolitik	Preisgestaltung	Marktbearbeitung bzw. Kommunikationspolitik	Distribution
• Qualität	• (Listen-) Preis	• Werbung	• Gebiet
• Ausstattung / Verpackung	• Rabatte / Konditionen	• Verkaufsförderung	• Kanäle
• Programm / Sortiment	• Absatzfinanzierung	• (Product-)PR	• Organe
• Markierung			• Logistik
• Service / Kundendienst			• Standorte
Angebotspolitik		**Absatzpolitik**	

Abb. 53: Überblick über das Marketinginstrumentarium
(Quelle: Kotler et al., 2007, 121)

Mit der Entwicklung in der Informations- und Kommunikationstechnologie entstanden viele neue Instrumente, insbesondere im Bereich der Kommunikation, beispielsweise Auftritte in den sozialen Medien, und im Pricing, beispielsweise individuelle Preisfestsetzung. Die Struktur des Marketingmixes richtet sich u. a. nach:

1. dem Instrumenteneinsatz in Abhängigkeit von der *Phase im Kaufzyklus*: Wenn sich eine Unternehmung in einem Marktsegment zu Beginn der Kundenakquisitionsphase und folglich in der Kontaktphase befindet, liegt das Schwergewicht eher auf Kommunikationsinstrumenten. Ziel muss es sein, möglichst viele Kundinnen und Kunden in einer bestimmten Zielgruppe zu erreichen und eine Botschaft oder eine Information zu platzieren. Umgekehrt geht es in der Nutzungsphase vor allem um Instrumente des After-Sales-Service respektive der erweiterten Produktgestaltung.

2. dem Instrumenteneinsatz in Abhängigkeit von der *Reife der Branche:* Geht es beispielsweise darum, in einer neuen Branche neue Kundinnen und Kunden zu gewinnen, so stehen Instrumente wie Kommunikation, insbesondere auch in sozialen Medien, aber auch Public Relations in Form von Berichten in allgemeinen Medien im Vordergrund. Bei der Abwerbung von Kundinnen und Kunden dürfte das Instrumentenschwergewicht

auf Preis respektive Kontrahierung oder Produktqualität liegen. Es geht schlussendlich darum, Kunden über einen höheren Kundenwert abzuwerben. So werben Airlines heute typischerweise Economy-Class Passagiere untereinander mit Preisstrategien ab.

3. dem Instrumenteneinsatz in Abhängigkeit vom *Involvement*: Bei High-Involvement-Entscheiden steht die Kommunikation vor und auch nach einem Kauf im Vordergrund. Bei Low-Involvement-Entscheiden geht es eher um die Sicherstellung der Verfügbarkeit des Produktes respektive des leichten Zuganges (Placement) und um Kontrahierungsinstrumente, beispielsweise ein überzeugender Aktionspreis. So sorgen beispielsweise Getränkehersteller wie Coca-Cola dafür, dass ihre Getränke auch über Automaten überall verfügbar sind und im Detailhandel über Aktionen präsentiert werden.

4. dem Instrumenteneinsatz in Abhängigkeit von der *Zielsetzung der Kundenbindung*: Geht es um den Erhalt von Kundenpotentialen, liegt das Schwergewicht auf der Sicherstellung einer konstanten, sich tendenziell laufend verbessernden Produktqualität. Geht es hingegen um den Ausbau von Kundenpotentialen, dürfte das Schwergewicht vermehrt auf der Kommunikation beispielsweise über Stammkunden-Clubs und Loyalitätsprogramme wie die Bonuspunkte bei Airlines liegen.

Eine Instrumentalstrategie kann verbal oder graphisch in einem Marketingkonzept festgehalten werden. Denkbar ist eine verbale Charakterisierung in der Form, ob eher eine Pull- oder Push-Strategie verfolgt wird. Dabei wirkt eine Pull-Strategie durch einen Instrumenteneinsatz, bei dem zuerst über Kommunikation und Produkteigenschaft ein Bedürfnis beim Kunden erzielt wird. Push-Strategien setzen eher auf Verfügbarkeit und Kontrahierung, um so quasi ein Produkt in einen Markt «reinzudrücken». Für die graphische Darstellung einer Instrumentalstrategie eignet sich beispielsweise das in Abb. 54 dargestellte Schema.

Instrument	Ziel	Budget	Maßnahmen
Promotion			
Place			
Product			
Price			

Abb. 54: Detailplanung Marketing-Mix – Marketing-Plan

4 Produktgestaltung und Leistungs-erstellung

4.1 Fallstudie STADLER RAIL AG

STADLER – Clevere Lösung auf der Schiene

▪ *Produktausrichtung nach Kundenbedürfnissen*

Die Firma STADLER RAIL in Bussnang, Kanton Thurgau, bestand seit 1942 als Hersteller von Spezialschienenfahrzeugen wie beispielsweise Rangierloko-motiven oder Schienentraktoren. In dieser Nische behauptete sich die Fir-ma in einer Zeit, in der der Eisenbahnfahrzeugmarkt in Europa von starken Rückgängen geprägt war. In den 1980er- und 1990er-Jahren waren die gro-ßen europäischen Eisenbahngesellschaften in der Konkurrenz zu dem immer besser ausgebauten Straßennetz von starken Rückgängen und Defiziten geplagt. Der Eisenbahnfahrzeugmarkt war weitgehend national organisiert und die Eisenbahntechnik durch nationale Standards geprägt. So waren in der Schweiz die wichtigsten Anbieter die SCHWEIZERISCHE LOKOMOTIV- UND MASCHINENFABRIK SLM in Winterthur oder die FLUG- UND FAHRZEUGWERKE ALTENRHEIN. Speziallokomotiven wie Zahnradbahnen wurden auch von SLM hergestellt. Wichtiger Lieferant der elektrischen Ausrüstung war die BBC (welche schon die MASCHINENFABRIK OERLIKON übernommen hatte), die später in der ABB auf-ging.

In den 1990er-Jahren zeichneten sich in Europa erste Liberalisierungsschrit-te ab. Es war abzusehen, dass auch im Eisenbahnbereich eine europäische Standardisierung stattfindet. Dies führte bei den Eisenbahnfahrzeugherstel-lern zu Konsolidierungsprozessen. Viele national kleinere und mittlere Her-steller in der Schweiz wie die SCHWEIZERISCHE WAGONS- UND AUFZÜGEFABRIK AG «Wagi» in Schlieren oder die WAGGONFABRIK SCHINDLER PRATTELN gaben die Eisen-bahnfahrzeugproduktion auf. Es zeichnete sich ab, dass die großen weltwei-ten Hersteller wie BOMBARDIER oder SIEMENS oder die französische ALSTOM den Markt dominierten.

In diesem Umfeld übernahm der ehemalige HSG-Student Peter Spuhler im Jahre 1989 die STADLER RAIL. Er war überzeugt, dass sich im Eisenbahnbereich neue attraktive Märkte öffnen würden. Als Haupttreiber war damals bereits die markante Erhöhung der Nachfrage nach Verkehrsleistungen absehbar, der in vielen Ballungsgebieten, aber auch engen Tälern nicht mehr mit einem weiteren Ausbau der Straßenverkehrsinfrastruktur begegnet werden konnte. Gleichzeitig ergaben sich neue Perspektiven durch die Entwicklung der Technologie. Elektrische Antriebskomponenten wie elektrische Motoren oder Steuerungsausrüstungen waren bisher schwer und groß, weshalb für ihre Unterbringung große Lokomotiven erforderlich waren. Durch die Perspektiven in der Hochleistungselektronik und die Miniaturisierung von elektrischen Anlagen ergab sich die Möglichkeit, Antriebskomponenten kleiner zu bauen und in Passagiertriebfahrzeugen unterzubringen.

Während dieser Zeit suchte die AARE SEELAND MOBIL AG (damals noch unter dem Namen OSST) eine neue Generation von Triebfahrzeugen und Pendelzügen. Ein Gespräch zwischen Vertretern der Besteller AARE SEELAND MOBIL AG und der STADLER RAIL könnte sich fingiert wie folgt zugetragen haben:

Vertreter AARE SEELAND MOBIL AG:
Wir stehen unter großem politischem Druck einen ökonomischeren Bahnbetrieb anzubieten. Dazu brauchen wir eine Flotte von schnell beschleunigenden, bequemen, flexibel in verschiedenen Größengefäßen einsetzbaren, einfach reparierbaren Triebfahrzeugen. Uns schwebt etwas Neues vor, das auch in Bezug auf Erscheinung beim Fahrgast durch Großzügigkeit und Modernität wirkt. Niederflureinstiege sind natürlich ein Muss. Als kleinere Eisenbahngesellschaft erwarten wir einen technischen Support, wie auch bei der Einführung Training für unsere Lokomotivführer und das Unterhaltspersonal.

Vertreter STADLER RAIL:
Wir können uns vorstellen, für Sie als Erstkunden eine neue Fahrzeuggeneration zu entwickeln. Der Arbeitstitel bei uns lautet: «GTW». Es handelt sich um einen miteinander gekoppelten leicht begehbaren Gelenktriebwagen, der alleine oder in Mehrfachtraktion verkehren kann. Damit kann bei größeren Frequenzen flexibel auf die Nachfrage reagiert werden. Durch moderne und platzsparende Angriffskomponenten, welche in einem zentralen Antriebsmodul untergebracht werden, genügen zwei angetriebene Achsen, um dennoch hohe Beschleunigungswerte zu erreichen. Wir sind bei der Entwicklung dieses Produktes auf einen Kunden angewiesen, mit dem wir vertrauensvoll zusammen arbeiten können.

Vertreter AARE SEELAND MOBIL AG:
Wie sehen Sie die Organisation der Produktion?

Vertreter STADLER RAIL:
Den ersten Prototypen und die erste Kleinserie sehen wir als Werkstattproduktion. Im Gegensatz zur vorherrschenden Praxis verzichten wir auf riesige Pflichtenhefte, welche die Innovation und Kreativität der Firma im Vorhinein einschränken. D. h. in unserem kleinen und überblickbaren Werk in Bussnang werden die Fahrzeuge auf Platz gefertigt. Weitere Bestellungen und vor allem auch spätere Serien sehen wir in Form einer manufakturartigen Losproduktion vor, d. h. wir werden einen neuen Produktionsstandort entweder in Bussnang oder in einem anderen verfügbaren Produktionsareal aufbauen. Die Fahrzeuge werden nach Arbeitsgattungen, beispielsweise Bau Wagenkasten, Aufbau Chassis, Innenausbau in verschiedenen Bereichen der Produktionsanlagen gefertigt.

Tatsächlich setzten sich Ueli Sinzig als damaliger Direktor der AARE-SEELAND-BAHNEN und Ingenieure der STADLER RAIL zusammen und erarbeiteten ein Ideenkonzept. 1995 lieferte daraufhin die STADLER RAIL die ersten GTW´s an die AARE SEELAND MOBIL AG. Daraus entstanden weitere Bestellungen wie beispielsweise 2000 17 Stück für die SEETALBAHN der SBB und 2001 75 Stück für die THURBO AG. Die neuen Fahrzeuge wurden bald zu einem Industriestandard im Regionalverkehr. Heute hat die STADLER RAIL rund 4500 Mitarbeiter und Produktionsstandorte in acht Ländern.

Diskussionsfragen:

1. Was ist das von Aare Seeland mobil AG nachgefragte Kernprodukt?

2. Wie grenzt sich dabei das Kernprodukt vom erweiterten Produkt ab?

3. Welche Vorteile weißt die Losgrößenproduktion im Vergleich zur Werkstattproduktion auf?

4. Welches dürften die wichtigsten Schritte der Produktionsplanung bei einer neuen Fahrzeugserie sein?

5. Welche Elemente beinhaltet die Dienstleistungskette bei der Bedienung eines neuen Kunden?

4.2 Produktgestaltung

Produkte oder die Leistung eines Unternehmens gegenüber Kunden sind, wie oben erwähnt, der eigentliche Existenzgrund einer Unternehmung oder jeder Organisation. Sie sind Gegenstand des Austausches zwischen Kunden und Unternehmung. Zusammen mit dem Marketinginstrument Preis, das die finanziellen Rückflüsse an die Unternehmung sichert, macht das Produkt den Kundenwert einer Beziehung eines Kunden zu einem Unternehmen oder einer Organisation aus. Produkt und Preis sind damit auch die wesentlichen Marketinginstrumente. Kommunikation und Distribution helfen, die Distanz zwischen Unternehmung und Kunde zu überwinden und wirken unterstützend (vgl. Tomczak et al., 2007, 255).

Wie das oben dargestellte Beispiel zeigt, sind Produkte an die Bedürfnisse von Kundinnen und Kunden auszurichten. Durch eine möglichst gute Anpassung der Produkte an die Erwartungen der Kundinnen und Kunden entsteht Qualität, damit Zufriedenheit und schlussendlich Kundenwert (vgl. Abb. 55).

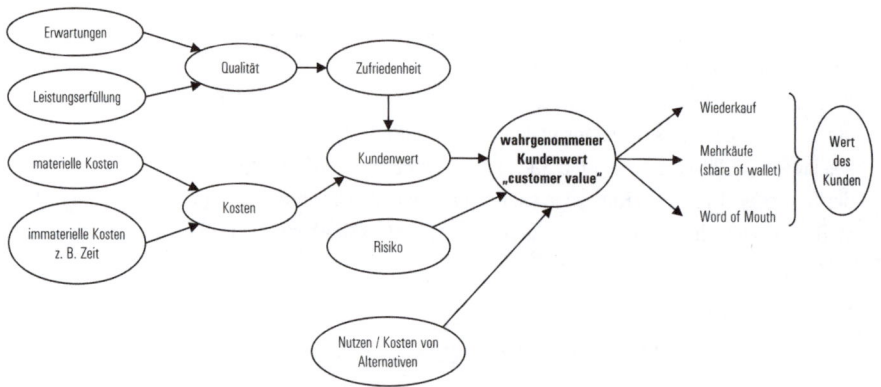

Abb. 55: Vom Kundenwert zum Wert des Kunden
(Quelle: erweitert nach Matzler, 2000, 289ff)

Früher wurde *Qualität* als absolute Größe im Sinne einer maximal technisch machbaren Qualität eines Produkts definiert. Automobile mussten beispielsweise möglichst solide und dauerhafte Karosserien haben. Diese Auffassung wandelte sich in den 1980er- und 1990er-Jahren zu einer kundenorientierten Qualität (vgl. Bruhn, 1997; Seghezzi et al., 2007, 24ff; Zeithaml, Berry, Parasurman, & Rastalsky, 1992). Dabei wird Qualität definiert als Fähigkeit eines Produkts, die Bedürfnisse eines Verbrauchers möglichst gut zu erfüllen. Qualität ist so gesehen die positive (Über)erfüllung von Kundenanforderungen (vgl. zu Konfirmationshypothese Churchill & Surprenant, 1982; Weiermair, 1997).

Produktpolitik umfasst dabei alle Entscheidungstatbestände, die sich auf die Ausgestaltung der Marktleistung beziehen (Tomczak et al., 2007, 207).

Die wichtigsten Entscheidungstatbestände bei der Konzeption der Produkte oder auch des gesamten Leistungsprogramms einer Unternehmung sind

1. Die Konzeption der einzelnen Produkte
2. Die Konzeption des Produkte- respektive Leistungsprogramms

Für die Gestaltung eines Produkts oder auch einer Produkte- bzw. Leistungsstrategie für das gesamte Unternehmung hat sich das System der Konzeptionsebenen nach Kotler etabliert (Abb. 56; vgl. Kotler & Bliemel, 2001, 717).

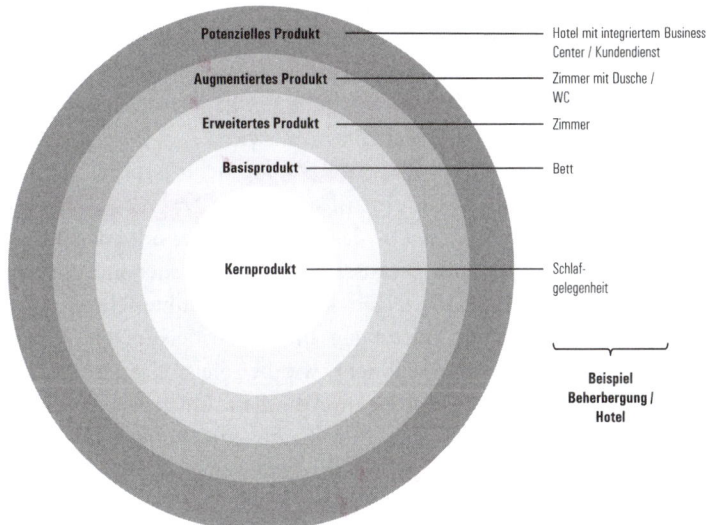

Abb. 56: Konzeptionsebenen für das Produkt
(Quelle: erweitert nach Kotler & Bliemel, 2001, 717)

Das *Kernprodukt* bezeichnet das eigentliche zu befriedigende Bedürfnis. Dieses kann bei gleichen Produkten unterschiedlich sein. So kann ein Schuh, beispielsweise ein Stiefel, für einzelne Zielgruppen primär das Kernprodukt «trockene Füße haben» bedeuten, für andere Zielgruppen und in einem anderen Design können Stiefel aber auch «schöne Füße haben» bedeuten.

Die Orientierung am Kernprodukt ist ganz entscheidend für die Ausgestaltung des Basisproduktes. Dies zeigt sich auch am Beispiel einer Eisenbahnfahrt. Eine Fahrt mit einer Zahnradbahn kann für die einen ein rascher Transport ins Skigebiet sein, für andere eine erlebnisreiche Aussichtsfahrt. Die Bedürfnisse an die Gestaltung des Wagens, die Fahrgeschwindigkeit, die an Ablageflächen sowie an Informationen variieren nach Kernprodukt.

Das *Basisprodukt* ist das Kernelement entweder der physischen Ausgestaltung oder der Dienstleistungskette. So ist das Basisprodukt bei einem Coiffeur der Haarschnitt, bei einem Hotel in der Ausprägung eines Kernproduktes als reine Schlafgelegenheit (und damit nicht Erholung, Wellness oder Familienerlebnis) ein Bett.

Das *erweiterte Produkt* umfasst alle zusätzlichen Elemente eines Produktes. Meist ist es ein ganzes System von verschiedenen physischen Leistungskomponenten oder auch Angeboten an Dienstleistungen. Bei einem Hotel ist es beispielsweise das Zimmer mit den Angeboten Fernsehen, WiFi, Badezimmer vielleicht mit Whirlpool.

Das *augmentierte Produkt* umfasst zusätzliche Serviceelemente, die den Wert der Leistung steigern, beispielsweise eine schöne Sitzecke oder individueller Zimmerservice.

Das *potentielle Produkt* schlussendlich umfasst alle Leistungsinhalte, die für einen Kunden als potentielle Nutzenstifter zugänglich sind, beispielsweise das Wellnesscenter oder das Businesscenter eines Hotels.

Die Diskussion der verschiedenen Produktebenen aber auch die Beispiele zeigen, dass aus Produktesicht die Grenzen zwischen physischen Leistungen und Dienstleistungen verwischen. Ein physisches Leistungselement, wie beispielsweise eine Badewanne, ist Quelle von Dienstleistungen (Waschen, Entspannen). Im Marketing beginnt sich deshalb auch die Überzeugung zu festigen, dass das Marketing von allen Produkten, auch physischen Produkten, im Sinne eines Dienstleistungsmarketings zu gestalten ist. In dieser «*Service dominant logic*» (vgl. Lusch & Vargo, 2006) werden (Dienst-) Leistungen oft auch im Sinne von Problemlösungen als ultimative Zielsetzung im Marketing eingestuft. Um das notwendige Verständnis sowohl für die *physische Produktherstellung* wie auch die *Dienstleistungserstellung* zu generieren, werden nachfolgend die beiden Arten der Leistungserstellung hintereinander diskutiert.

Eine wesentliche Eigenschaft von Dienstleistungen ist, dass die Leistungserstellung, beispielsweise ein Haarschnitt, mit dem Leistungskonsum zusammenfällt (vgl. Uno Actu Prinzip: Lehmann, 1993, 31). Die Qualität von Dienstleistungen ist auch häufig geprägt durch das Erlebnis während der Leistungserstellung beispielsweise das Erlebnis während eines Flugs. Entsprechend drängt es sich auch auf, Produktgestaltung und Leistungserstellung zusammen zu diskutieren.

Wie gezeigt, gestaltet sich das Marketing unterschiedlich, je nachdem von welchem Kernprodukt ausgegangen wird. Es gibt auch unterschiedliche Zugänge, ob ein Produkt primär als physische Leistung (und damit lagerbare Einheit) oder als Dienstleistung behandelt wird. Wichtige Unterschiede ergeben sich zudem danach, ob auf einem B (Produzenten-) oder C (Endkunden-) Markt operiert wird.

Je nach Art der Leistung leiten sich unterschiedliche Schwergewichte der Produktgestaltung und des gesamten Marketings ab. Für Dienstleistungen mit einem hohen Grad an Investitionscharakter wie Unternehmensberatung sind Vertrauen, Kompetenz und persönlicher Kontakt entscheidend. Umgekehrt kann bei einem hohen Materialisierungsgrad und eher Konsumgutcharakter die Erhältlichkeit des Produkts und die Kosteneffizienz eher wichtig sein (vgl. Abb. 57).

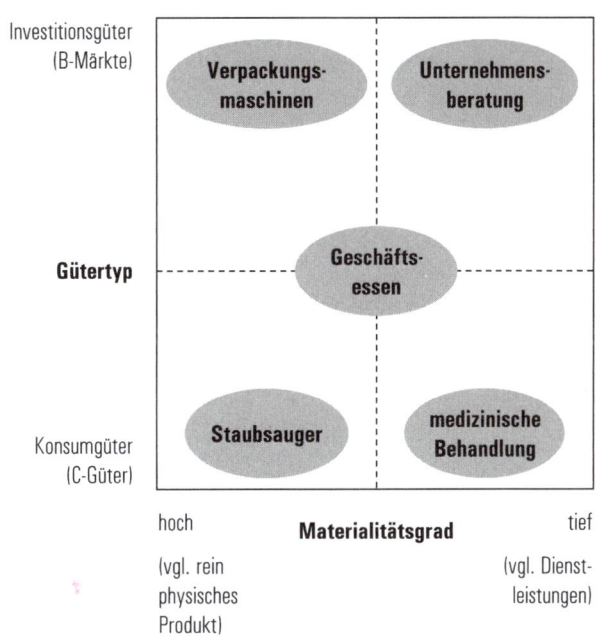

Abb. 57: Leistungstypologie
(Quelle: Engelhard, Kleinaltenkamp & Reckenfelderbäumer, 1993, 417)

Die meisten Unternehmen oder Organisationen beginnen die Bearbeitung eines Marktsegments mit einem Produkt oder einer Leistung. Ein Produkt kann dabei definiert werden als «etwas, das als tauglich zur Befriedigung eines Bedürfnisses bzw. zur Erfüllung eines Wunsches angesehen wird,» (Kotler, 1982, 20). Dabei handelt es sich um eine vermarktbare Leistung, die bei einem Endkunden einen Nutzen erzeugt. *Leistung* ist gewissermaßen der Überbegriff über physische- oder Dienstleistungsoutputs gegenüber einem Kunden. Ist ein Unternehmen mit seinem Produkt erfolgreich, so stellt sich die Frage der Wachstumsperspektiven und als Teil davon auch die Frage der Entwicklung eines *Leistungsprogramms* oder auch umgangssprachlich eines Sortiments. Es gibt dabei verschiedene Strategien. Einzelne erfolgreiche Unternehmen bleiben weitgehend bei einem Grundprodukt. So bietet APPLE nur ein minimal differenzierbares Mobile Phone. Geht der Entscheid in Richtung Änderung des Leistungsprogramms, stellt sich die Frage der Ausweitung, der Einengung oder einer grundsätzlichen Strukturveränderung (vgl. auch Abb. 58).

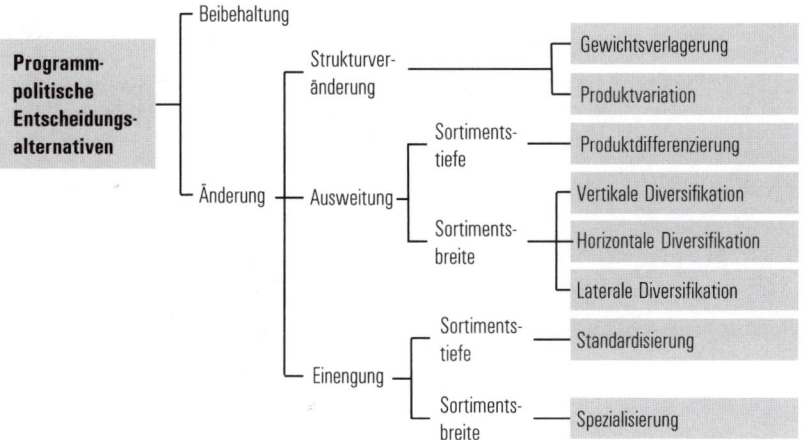

Abb. 58: Programmpolitische Entscheidungsalternativen
(Quelle: Bieger et al., 2009, 138; in Anlehnung an Engelhardt & Plinke, 1979)

Eine grundsätzliche *Strukturveränderung* bezieht sich häufig auf die Frage der Gewichtsverlagerung, wenn beispielsweise ein Skihersteller sukzessive das Sortiment im Bereich Ski einengt und gleichzeitig ein immer breiteres Sortiment im Bereich Tennis bietet. Die Produktvariation bezieht sich auf die Frage: wie weit individuelle Konfigurationsmöglichkeiten von Produkten geboten werden sollen. So ist bei vielen Automobilherstellern ein Standardmodell in bis zu 100 000 Varianten, beispielsweise mit Ledersitzen, ohne Sonnendach etc., konfigurierbar.

Die *Sortimentstiefe* bezieht sich auf die Frage, wie viele Leistungen zur Lösung eines identischen Problems geboten werden. Bei der *Sortimentsbreite* geht es um die Frage, wie viele Arten von Leistungen für unterschiedliche Probleme geboten werden. Eine vertikale Diversifikation wird verfolgt, wenn entlang der Wertschöpfungskette oder eines Produktsystems neue Produkte aufgenommen werden. Dies ist zum Beispiel der Fall, wenn ein Skihersteller auch ein Skigebiet betreibt. Bei einer horizontalen Diversifikation geht es um grundsätzlich neue Produkte auf der gleichen Leistungsebene. Beispielsweise wenn neben Ski auch Tennisrackets oder sogar Surfboards ins Sortiment aufgenommen werden. Bei der lateralen Diversifikation erfolgt ein Eintritt in grundsätzlich neue Produktebereiche, beispielsweise wenn ein Skihersteller plötzlich auch noch Lebensversicherungen anbietet.

4.3   Leistungserstellung – Physische Leistung

Ausgangspunkt der Leistungserstellung sind die Kundenbedürfnisse. Das Ziel der Leistungserstellung ist die Erstellung von Produkten, d. h. von Leistungen, die in der Lage sind, bei Kunden Bedürfnisse zu befriedigen und so Nutzen zu erzeugen.

4.3.1   Grundstruktur des Leistungserstellungsprozesses

Wie auch im Fallbeispiel dargestellt, ist der Kunde direkt und persönlich als Initiator einer eigenen Produktkategorie oder latent und unpersönlich, beispielsweise in Form einer durch Marktforschung wahrgenommenen Bedürfnisveränderung, bei einer relevanten Zielgruppe Auslöser der Leistungserstellung (vgl. auch Abb. 59). Von der expliziten oder latenten Kundenanfrage reicht der Leistungserstellungsprozess über die Klärung des Auftrags, die Konstruktion bzw. das Design zur Arbeitsvorbereitung, die zu Bestellungen bei Zulieferern führt, über die Fertigung, Montage und Versand bis hin zum Endkundenservice, beispielsweise die Inbetriebnahme der Zugskomposition, mit der der Kreislauf geschlossen wird (vgl. Abb. 59).

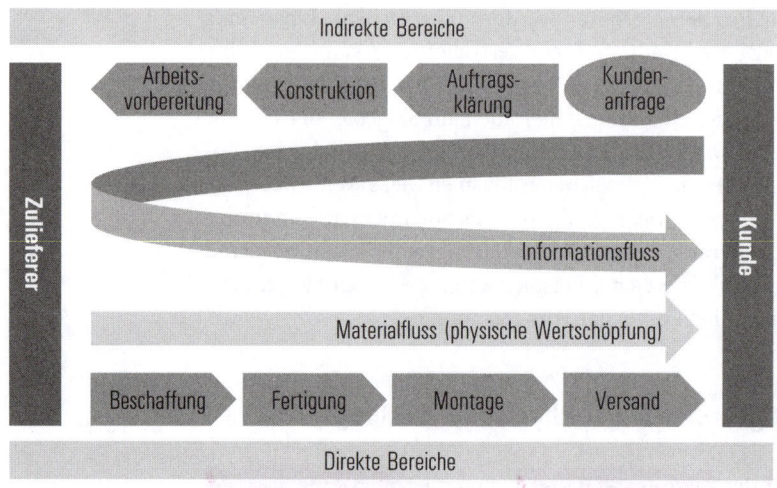

Abb. 59: Grundstruktur des physischen Leistungserstellungsprozesses
(Quelle: Dubs, Euler, Rüegg-Stürm & Wyss, 2009, 74)

Die Abgrenzung eines Produkts von denjenigen der Konkurrenz hat im Wettbewerb eine große Bedeutung. Das Denken vom Produkt aus wird heute durch *Design-Thinking* als eigenständiger und wichtiger Zugang zum gesamten Geschäftsprozess methodisch erfasst. Es werden dabei Methoden zur Förderung von Innovationstätigkeit in Unternehmen entwickelt, basierend auf hoher Kundenorientierung und u.a. durch den Bau von Prototypen (Brenner, Uebernickel & Torrente, 2012, 58). Leistungserstellungsprozesse führen von Vorleistungen aus über die Transformation (bei Sachleistungen) oder über die Verrichtung an Kunden oder deren Objekten (bei Dienstleistungen) zu Leistungen, die auf dem Absatzmarkt vermarktet werden (Tomczak et al., 2009, 77ff). Die *Grundstruktur des Leistungserstellungsprozess* beginnt damit bei einem Input und führt über einen Throughput zu einem Output (vgl. Abb. 60). Der durch das Unternehmen *geschaffene Mehrwert* ist die Differenz zwischen dem Wert des Inputs und dem Wert des Outputs. Innerhalb des «*Throughputs*» erfolgt die Leistungserstellung, beispielsweise in Form der einzelnen Bearbeitungsstufen im Rahmen einer physischen Leistungserstellung oder der einzelnen Elemente einer Dienstleistungskette. Hierzu zählen auch Support-Prozesse mit direktem Leistungsbezug wie die Wagenreinigung bei einer Bahngesellschaft.

Der Leistungserstellungsprozess muss den Anforderungen der *Effizienz* (etwas richtig machen im Sinne von qualitativ gut und kostengünstig) und *Effektivität* (das Richtige machen im Sinne von die richtigen Produkte bezüglich Eignung und Qualität für Kunden und Nutzer) genügen.

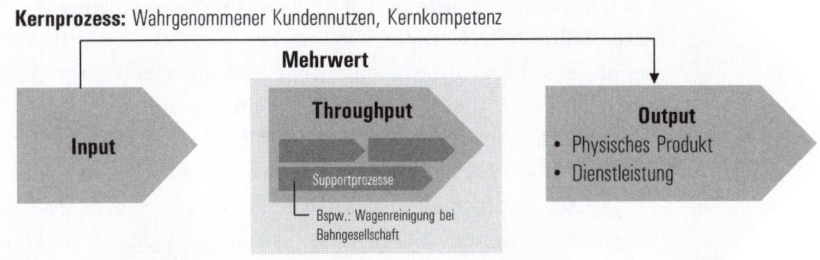

Abb. 60: Grundstruktur des Leistungserstellungsprozesses

4.3.2 Strategische Entscheide

Auf strategischer Ebene geht es vor allem um die Festlegung des *Leistungsbereichs,* d. h. die Frage, was eine Unternehmung selbst an Leistungen erstellt. Es geht konkret um die Festlegung der Wertschöpfungs- respektive Leistungserstellungs- oder umgangssprachlich *Produktionsbreite* und *Produktionstiefe* (vgl. Friedli in Esch, Herrmann & Sattler, 2011, 223ff; Tomczak et al., 2009, 80).

Ausgangspunkte dieses Entscheids sind:

- *Kundenbedürfnisse:* Wie wichtig ist, beispielsweise eine Leistungskomponente aus Kundensicht ist? In wieweit sollte sie unter der Kontrolle des Unternehmens und damit im eigenen Leistungserstellungsbereich behalten werden?
- *Unternehmensinternen und externen Ressourcen:* Insbesondere ist auch die Kompetenzen bzw. das Know-how des Unternehmens relevant und damit die Frage, was im Vergleich zur Konkurrenz oder möglichen Kooperationspartnern selber besser gemacht werden kann.
- *Strategisches Verhalten der Wettbewerber:* Wenn auch die Konkurrenz gewisse Leistungen selber erstellt, generiert das Erwartungen bei den Kundinnen und Kunden und es wird beispielsweise schwierig, diesen Leistungsbereich auszulagern. So wird heute immer noch bei praktisch allen 4- und 5-Sterne-Hotels die Küche durch das Hotel selbst betrieben, da ein Outsourcing kaum von den Gästen akzeptiert werden würde.

Beim *horizontalen Leistungserstellungsbereich* (Breite) geht es um die Entscheide über die Vielfalt und Varianten in der Produktion, beispielsweise wie viele Subvarianten eines Modelles bei einem Automobilhersteller geboten werden. Das erste Serienfahrzeug der Welt, das FORD-Modell T, wurde in den 1920er-Jahren nur in einer Ausführung hergestellt. Diese Komplexitätsreduktion war ein wesentlicher Faktor bei der Erzielung von Kostenvorteilen. Heute produzieren Automobilhersteller bis zu 100 000 Varianten alleine von einem einzelnen Modell. Dies erfordert Investitionen in Produktionssteuerung und Spezialisation der Fertigung. Für Ledersitze muss beispielsweise ein Lederbearbeitungsbereich aufgebaut respektive ein Outsourcing organisiert werden. Umgekehrt können durch diese Erweiterung der Produktvarianten Bedürfnisse der Kundinnen und Kunden besser abgedeckt werden. Oft wird damit auch ein Preis Premium im Sinne einer höheren Zahlungsbereitschaft erzielt.

Eine Unternehmung steht hier im Spannungsfeld zwischen *Economies of Scale* (eine größenbedingte Verringerung der Durchschnittskosten der Leistungserstellung durch Spezialisierung, oft auch Skaleneffekte genannt) und *Economies of Scope* (Verbundeffekte resultierend aus Effizienz und Kosten sowie Qualitätsvorteile bei einer Erhöhung der Leistungsbreite; vgl. Panzar & Willig, 1981; Smith, 1976, 268). Diese beiden Economies generieren einen gewissen Zielkonflikt.

Wie breit das Leistungsprogramm eines Unternehmens sein soll, hängt einerseits im Wesentlichen von den Kosten der Erhöhung des horizontalen Leistungsprogramms ab. Dies sind beispielsweise Kosten für verschiedene Produktvarianten, Komplexitätskosten der Planung etc. Sie sind letztlich durch die Ressourcen des Unternehmens (Produktionsanlagen, Kompetenzen) definiert. Andererseits hängt die Breite des Leistungsprogrammes von der Zahlungsbereitschaft der Kundinnen und Kunden für die Individualisierung und damit von der Nachfragestruktur und auch vom Verhalten der Konkurrenz ab.

Es gibt heute industrietypische Muster: Bei dauerhaften Konsumgütern wie Autos oder Uhren stellt man häufig eine zunehmende Verbreiterung des horizontalen Leistungserstellungsbereichs fest, während insbesondere bei neuen Produkten oder in konsolidierten Märkten eine Reduktion stattfindet, um die notwendige Kosteneffizienz sicherzustellen. Dies ist beispielsweise der Fall, wenn bei einer Fluggesellschaft von einem Dreiklassensystem auf ein reines Economy-Klassen-System umgestellt wird, eine Entwicklung, die bei verschiedenen europäischen Linienfluggesellschaften mindestens auf dem Kontinentalnetz festzustellen ist.

Beim *vertikalen Geschäftsbereich* geht es um die Frage, welche Leistungen innerhalb der Unternehmung erbracht und welche ausgelagert (Outsourcing) werden sollen. Werden mehr Leistungen im Unternehmen erbracht, so können damit Transaktionskosten (Kosten der Aushandlung von Leistungen, Kosten der Überwachung und Steuerung von Zulieferern) eingespart werden. Umgekehrt kann durch Outsourcing eine Konzentration auf die eigenen Kernkompetenzen erfolgen und es kann von Kernkompetenzen anderer Unternehmen in Form von besserer Qualität und günstigerer Produktion profitiert werden.

Interessant sind hier auch Schnittstellen, die sich über Jahrzehnte etabliert und durchgesetzt haben. Während Flugzeughersteller in der Pionierphase des Jetantriebes teilweise noch selbst Triebwerke herstellten, gibt es heute eine klare Trennung zwischen Herstellern von Flugzeugen (BOMBARDIER, AIRBUS) und Triebwerksherstellern (PRATT & WHITNEY, ROLLS-ROYCE, GENERAL ELECTRIC). Weitere wichtige Beispiele sind auch im Automobilbereich zu finden, wo einzelne Unternehmen, wie beispielsweise BOSCH, im Bereich der Fahrzeug- und Motorenelektronik eine dominante Stellung haben und praktisch alle Automobilhersteller beliefern.

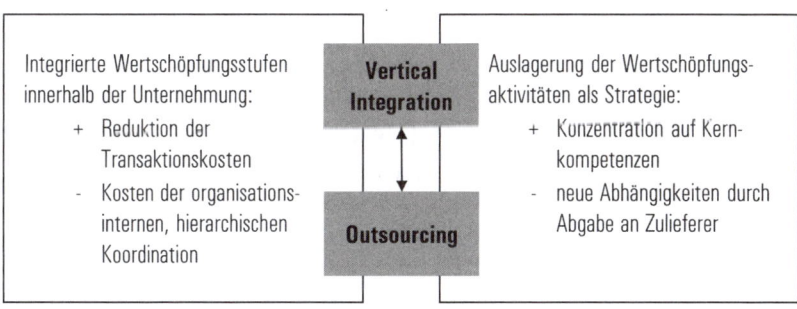

Abb. 61: Spannungsfeld des strategischen Managements im vertikalen Geschäftsbereich
(Quelle: in Anlehnung an Tomczak et al., 2009, 80)

4.3.3 Operative Entscheide

Im *operativen Leistungserstellungsprozess* geht es um die Entscheidungen, welche Leistungen wann und wie erstellt werden. Für diese eigentliche Produktionsplanung gibt es heute in praktisch allen Branchen standardisierte Planungsinstrumente, häufig aufbauend auf den Methoden des *Operations Research.* Ausgangspunkt der Planung der Produktion und der Steuerung derselben ist der Entscheid zugunsten eines *Betriebstyps* (vgl. Abb. 62).

Unternehmen	Industrie	Verlag	Handwerk	Handel	Sonstige Dienstleistung
Erbrachte Leistungen	materielle Leistungen, Sachleistungen	materielle Leistungen, Sachleistungen	materielle Leistungen, Sachleistungen	Überbrückungsdienste (immateriell)	sonstige immaterielle Leistungen
▸ Ort der Leistungserbringung	zentral	dezentral	flexibel oder zentral	offen	offen
▸ Größe der produktiven Einheiten	groß	klein	klein	offen	offen
▸ Existenz einer getrennten Arbeitsvorbereitung	ja	nein	nein	offen	offen
▸ Aufgabenträger der operativen Leistungserstellung	Mitarbeiter	Verleger, dessen Mitarbeiter und Selbständige (z. B. Autoren)	Unternehmer, Mitarbeiter	Mitarbeiter, zum Teil auch Unternehmer	Mitarbeiter, zum Teil auch Unternehmer

(Die erste Spalte enthält vertikal: Form der Leistungserbringung)

Abb. 62: Betriebstypen
(Quelle: Tomczak et al., 2009, 84)

Die SCHMIDLIN AG stellt in Goldau Badewannen her. Sie bezieht Metallplatten, presst diese mit verschiedenen Grundformen in Rohbadewannen, die dann in einem Durchlauf-Emaillierofen emailliert werden. Die Produktion findet an einem Standort statt. Es werden kleinere Serien hintereinander produziert. Die Arbeitsvorgänge respektive Produktionsstufen sind durch verschiedene Teile der Produktionsanlagen technisch und örtlich getrennt. Alle Teilleistungen bis zur fertigen Dusch- oder Badewanne werden innerhalb eines Unternehmens zentral gesteuert und durch eigene Mitarbeiter erbracht. Es handelt sich um eine klassische *Industrieproduktion* mit hohem Individualisierungsgrad dank neuer flexibler Produktionssteuerung.

Bei der Firma GIGER SA in Sedrun werden Specksteinöfen hergestellt. Die Öfen werden einzeln nach den Bedürfnissen der Kunden konfiguriert. Es kann vom Design, der Tür bis hin zu den Materialien und dem Stein alles selbst ausgewählt werden. In einem Steinbruch werden die Steine gehoben. Die einzelnen Elemente des Ofens werden teilweise in der eigenen Werkstatt hergestellt, teilweise von außerhalb bezogen. Für jedes Produkt wird eine eigene Feinplanung erstellt. Die beiden Unternehmer, die Söhne Ivan Giger und Uve Giger sind im Unternehmen selbst als Leiter einzelner Abteilungen aktiv. Es handelt sich hier um eine klassische *handwerkliche Produktion.*

Der Energy-Drink OYU soll neu insbesondere auf dem afrikanischen Markt positioniert werden. Der Unternehmer hat die Entwicklung der Rezeptur an eine spezialisierte Unternehmung vergeben. Die Produktion wurde international ausgeschrieben und wird von einem spezialisierten Getränkehersteller und -abfüller übernommen. Die Distributionslogistik in den verschiedenen afrikanischen Ländern wird selektiv einzelnen Generalimporteuren übertragen. Im Prinzip ist das Unternehmen eine Ansammlung von Verträgen für den Bezug von Vorleistungen, die Leistungserstellung und den Vertrieb. Die Leistungen werden dezentral weitgehend von unabhängigen selbständigen Unternehmen erbracht. Es handelt sich tendenziell um ein klassisches *Verlagssystem* (Tomczak et al., 2009, 83).

Wie aus den Beispielen hervorgeht, ist die *Produktionsplanung,* insbesondere auch die Arbeitsvorbereitung und -steuerung der Produktion, stark durch den Betriebstyp geprägt. In der *Arbeitsvorbereitung* wird entschieden, in welcher Reihenfolge mit welchen Anlagen und Verfahren zu welchem Zeitpunkt eine Bearbeitung erfolgt. In der *Arbeitsplanung* geht es vor allem um die Festlegung der Art der Güter und der Verfahren. In der Arbeitssteuerung werden schlussendlich die Menge und Zeit der Bearbeitung festgelegt.

Der Vorteil der physischen Produktion gegenüber der Dienstleistungserstellung besteht darin, dass

-   Outsourcing, sofern technisch kompetent gelöst, von Kundinnen und Kunden kaum wahrgenommen wird,
-   sowohl Zwischen- wie Endprodukte gelagert werden können,
-   die Produkte am Ende der Produktion, bevor sie den Kunden erreichen, bezüglich Qualität geprüft werden können.

4.4 Leistungserstellung – Dienstleistungen

Dienstleistungen haben in der Wirtschaft und im Marketing eine immer größere Bedeutung. Zum einen nimmt in reichen Volkswirtschaften der Anteil der Dienstleistungen am Volkseinkommen bzw. Bruttoinlandprodukt laufend zu (zu Fourastié-Gesetz vgl. Dietrich & Krüger, 2010, 111ff; Fourastié, 1954). Dies hängt damit zusammen, dass die Grundbedürfnisse der Maslow-Pyramide (Befriedigung der physischen Bedürfnisse, Sicherheit etc.) mit zunehmendem Wohlstand erfüllt sind und sich die Nachfrage auf Produkte verlagert, die eine Selbstverwirklichung erlauben bzw. die eine Entwicklung in Richtung eines erwünschten Selbstkonzepts ermöglichen. Solche Produkte sind Gesundheitsleistungen, Weiterbildung, Erlebnisleistungen wie Reisen etc. Zum anderen beinhalten immer mehr ursprünglich physische Produkte Dienstleistungen als wesentlichen Teil des gesamten Leistungssystems. So entwickelt sich auch beispielsweise der Automobilbereich immer mehr in Richtung integrierte Mobilitätsgarantie unter Einbezug von Dienstleistungen beispielsweise des öffentlichen Verkehrs.

Mit dem paradigmatischen Wechsel im Sinne der *Service Dominant Logic* (vgl. oben und Vargo & Lusch, 2004, 1ff) werden aus Nutzersicht immer mehr auch physische Güter als Dienstleistungen wahrgenommen. Physische Güter, wie ein Stuhl, werden als Quelle von Dienstleistungen (sitzen können) eingestuft und müssen so als Dienstleistungen vermarktet werden.

4.4.1   Besonderheiten von Dienstleistungen

Dienstleistungen lassen sich von physischen Produkten oder Sachleistungen abgrenzen, in dem bei ihrer Produktion keine Materialtransformation vorgenommen wird (vgl. Bruhn, 1997, 21). Entsprechend steht der Prozess der Leistungserbringung direkt am Kunden oder an einem seiner Objekte beispielsweise bei einer Reparatur an seinem Auto im Vordergrund.

Dienstleistungen können deshalb vereinfacht als Leistung verstanden werden, die an einem Menschen oder an einem Objekt ohne Transformation von Sachgütern erbracht wird (vgl. auch Bruhn, 1997, 14). Wenn die Dienstleistung (allenfalls in Kombination mit physischen Gütern) in der Lage ist, beim Konsumenten einen Nutzen zu erzeugen, dann kann von einem *Dienstleistungsprodukt* gesprochen werden (Bieger, 2007, 11, vgl. auch Kapitel 1.5.1). Dieser Nutzen besteht bei modernen Dienstleistungsprodukten oft im Sinne eines Beitrags zum erwünschten Selbstkonzept meist auf der Basis

- einer Problemlösung (z. B. integrierte Risiko-Versicherungslösung)
- eines Wohlbefindens (z. B. Gesundheitsleistung)
- eines Erlebnisses (z. B. Freizeitleistung)
- einer physischen oder psychischen Weiterentwicklung und Transformation des Individuums (z. B. Unterricht, Projekttherapie, Stilberatung)

Dienstleistungen unterscheiden sich von Sachleistungen durch die in Abb. 63 dargestellten Eigenschaften (vgl. u. a. auch Bruhn, 1997, 11; Lovelock, 1992, 5ff; Normann, 1991, 15).

Eigenschaften der Leistung	Konsequenzen für Produzent und Konsument
• Intangibilität (keine Gütertransformation)	• Intransparenz der Leistung
	• Kein Eigentumstransfer
	• Erhöhtes Risiko für Kunden
• Uno-Actu-Prinzip (Zusammenfall von Konsum und Produktion; Leistung wird am Kunden oder an dessen Objekt erbracht)	• Einbezug des Kunden (z.B. physische Präsenz)
	• fehlende Lagerbarkeit/Vergänglichkeit
	• Abstimmung Angebot/Nachfrage
• Heterogenität der Leistung, d.h. Abhängigkeit vom externen Faktor	• Individuelle unvorhersehbare Qualität: Notwendigkeit Qualitätsmanagement
	• Maßnahmen zur Steuerung von Kunden und Mitkunden
• Bedeutung des persönlichen Kontaktes	• Förderung von Interaktionsqualität
	• Qualitätsmanagement

Abb. 63: Besonderheiten von Dienstleistungen
(Quelle: Bieger, 2007, 11)

Ausgangspunkt sind die bereits aus der Definition hervorgehenden beiden Grundeigenschaften der Intangibilität und des Zusammenfallens von Konsum und Produktion (*Uno-Actu-Prinzip*, vgl. oben) sowie die Abhängigkeit von einem *externen Faktor* und die Bedeutung des persönlichen Kontakts (*Moment of Truth*, vgl. Zeithaml, Berry, & Parasuramann, 1985, 34). Aus diesen Charakteristika ergeben sich Sekundäreigenschaften, die zu Besonderheiten für Produzenten und Konsumenten führen (Bieger, 2007, 11):

Aus der *Intangibilität* ergibt sich eine gewisse Intransparenz der Leistung. Die Leistung kann nicht vorher ausprobiert werden. So weiß man bei der Buchung beispielsweise nicht, wie gut man in einem Hotel schläft, man kann die Nacht nicht «vorkosten». Bei Sachgütern dagegen lässt sich die Leistung überprüfen, beispielsweise durch eine Probefahrt beim Autokauf.

Aus der Intangibilität resultiert auch die Eigenschaft, dass eine Dienstleistung kein Eigentum darstellt, das ohne weiteres transferierbar ist. Durch die Entwicklungen im Bereich des Immaterialgüterrechtes stößt man hier in neue Bereiche vor. So kann beispielsweise die Dienstleistung Reputation und Nutzung einer Marke durch einen Lizenzvertrag übertragen werden. Aufgrund der Intransparenz und wegen fehlender Eigentumsrechte an einem Produkt, das man im Notfall nicht verkaufen oder allenfalls weiterschenken kann, ergibt sich für den Kunden ein großes Risiko beim Kauf. Die Herausforderung für das Dienstleistungsmanagement besteht darin, diese Unsicherheit zu reduzieren, beispielsweise durch vertrauensbildende Marken, Kommunikation oder Materialisierung der Qualität (beispielsweise sicherheitsvermittelnde, großzügige Bankschalterhallen, etc.).

Der *Zusammenfall von Konsum und Produktion* bedingt auch immer den Einbezug des Kunden. Wenn an ihm eine Dienstleistung erbracht wird, muss er mindestens physisch präsent sein. Wird die Dienstleistung an einem Objekt erbracht, muss dieses, z. B. ein Auto, zum richtigen Zeitpunkt an den Dienstleistungsort gebracht werden. Eine Dienstleistung ist auch durch die fehlende Lagerbarkeit charakterisiert. Ein Flugtransport oder eine Hüftoperation, die, wie viele klassische Dienstleistungen direkt am Kunden erbracht werden müssen, können nicht auf Vorrat produziert werden. Daraus resultieren besondere Probleme bei der Abstimmung zwischen dem Angebot und der Nachfrage.

Verschiedene Autoren sehen in der *Abhängigkeit vom «externen Faktor»* eine der wesentlichen Besonderheiten von Dienstleistungen (Zeithaml et al., 1985, 34ff). Als Abhängigkeit vom externen Faktor in einem Dienstleistungsprozess ist vor allem auch die Mitwirkung von Kunden und von Mitkunden zu verstehen (vgl. Fritzsimmons & Fritzsimmons, 2006, 21). Alle Dienstleistungen setzten einen mehr oder weniger starken Einbezug des Kunden oder der Kundin voraus. Sie müssen sich an den Dienstleistungsstandort begeben, Vorbereitungshandlungen vornehmen (z.B. Putzen der Zähne vor dem Zahnarzttermin), am Dienstleistungsprozess mitwirken (z.B. in einem Selbstbedienungsrestaurant) oder Nachleistungen sicherstellen (z.B. Teilnahme an einer Therapie nach einer Operation). Darüber hinaus prägen Mitkunden die Atmosphäre, beispielsweise die Stimmung auf einem Flug.

Die Mitwirkung des externen Faktors entzieht sich mindestens teilweise der Kontrolle des Managements von Dienstleistungserbringern. Es entsteht eine Variabilität der Qualität, was Maßnahmen im Bereich des Qualitätsmanagements inklusive des Kundenmanagements und des Managements der Mitkunden erfordert.

Sehr viele Dienstleistungen erfordern einen *persönlichen Kontakt* zwischen dem Dienstleistenden und dem Kunden. Auch abstrakte Dienstleistungen beinhalten spätestens beim «*Critical Incidence*» persönliche Kontakte zwischen Dienstleister und Kunden, beispielhaft sind dabei Kundenreklamationen in einem Call Center. Weil der Dienstleistende bei der Leistungserstellung (beispielsweise ein operierender Arzt, ein Lehrer im Unterricht) meist nicht durch einen Vorgesetzten direkt überwacht werden kann, hat die selbständige kompetente persönliche Interaktion eine besondere Bedeutung für die Qualität. Im persönlichen Kontakt entstehen zusätzliche Leistungsdimensionen wie die Emotionalität der sozialen Interaktion. Wenn sich Kernleistungen angleichen, werden diese Qualitäten noch an Bedeutung gewinnen.

Wie oben erwähnt, gibt es zwischen materialisierten Gütern und Dienstleistungen fließende Übergänge. Eine absolute Grenze zwischen Dienstleistungsprodukten und physischen Produkten ist deshalb kaum möglich. Es kann bei der Einordnung von Unternehmen und Produkten daher lediglich darum gehen, eine approximative Grenzziehung aufgrund des Schwerpunktes der Leistungsinhalte vorzunehmen, siehe Abb. 60 (vgl. Bruhn, 1997, 9f).

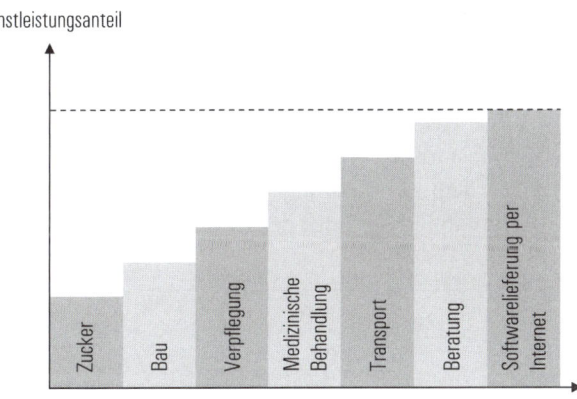

Abb. 64: Abgrenzung zwischen Dienstleistung und Sachleistung
(Quelle: Bieger, 2007, 14; in Anlehnung an Bruhn, 1997, 10; vgl. auch Engelhardt, Kleinaltenkamp & Reckenfelderbäumer, 1994, 36)

Das *Resultat der Dienstleistung* und das *Erlebnis im Prozess* sind beides qualitätsrelevante Dimensionen, die zum Teil gegeneinander aufgewogen werden können. Wenn beispielsweise das Resultat einer Dienstleistung (Haarschnitt) etwas weniger gut ist, der Prozess (Bedienung) aber hervorragend, dann ist der Kunde ist der Kunde mit der Gesamtdienstleistung trotzdem zufrieden.

4.4.2 Gestaltung und Steuerung der Leistungserstellung des Dienstleistungsprozesses

Bei der *Gestaltung und Steuerung der Leistungserstellung* muss berücksichtigt werden, dass Qualität nicht an eine Endkontrolle delegiert werden kann. Jedes einzelne Element einer Dienstleistung und das gesamte Erlebnis tragen zur Qualitätswahrnehmung bei. Einzelne Elemente sind besonders kritisch, so meistens der Start eines Dienstleistungsprozesses (der erste Eindruck zählt) und das Ende des Dienstleistungsprozesses. Aufgrund der Bedeutung des Leistungserstellungsprozesses auf die wahrgenommene Qualität kommt dem Modell der Dienstleistungskette eine besondere Bedeutung zu.

Das Urkonzept der *Wertekette* ist stark auf Produktionsbetriebe ausgerichtet. Dies zeigt sich beispielsweise an den Aktivitäten Eingangs- oder Ausgangslogistik (vgl. Abb. 59). Man geht davon aus, dass physische Güter bearbeitet und weitergegeben werden. Im Rahmen dieser Bearbeitung erfahren die Güter – im Sinne Adam Smith's – eine Wertvermehrung (vgl. Smith, 1976, 272). Bei persönlichen oder objektbezogenen Dienstleistungen (im Gegensatz zu gewissen «abstrakten» Dienstleistungen wie beispielsweise Finanzdienstleistungen oder Wissensentwicklung) wird nicht ein Gut, das im Verlaufe des Prozesses transformiert wird, weitergegeben, sondern der Kunde oder das Objekt, an dem eine Leistung vollbracht wird. Für den Dienstleistungsbereich ist damit das Modell der Wertekette zu modifizieren.

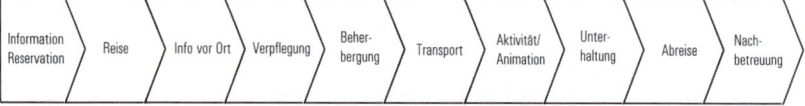

Abb. 65: Dienstleistungskette im Incoming-Tourismus – Sicht Destination
(Quelle: Bieger & Schallhart, 1996/97, 47)

Eine *Dienstleistungskette* beschreibt eine Dienstleistung als Prozess mit einer Abfolge von Aktivitäten, die der Kunde oder ein Objekt durchläuft. Über jede Stufe erfährt der Kunde Werte, die sich allerdings oft erst durch die Komplettierung der Dienstleistungskette zu einem nutzenbringenden Produkt entwickeln. Dienstleistungsketten müssen immer aus der Sicht des Kunden oder des Objektes definiert werden (vgl. Abb. 65). Sie beginnen bei der ersten Aktivität eines Nutzen bringenden Gesamtprodukts und enden bei der letzten. Sie können oft unternehmensübergreifend sein, was besonders augenfällig im Tourismus ist, wo oft jedes Element von einer anderen Unternehmung erbracht wird (vgl. Bieger, 1997, 77; zu Dienstleistungsketten im Tourismus siehe auch Romeiss-Stracke, 1995, 35ff).

Im Falle einer non-variablen Dienstleistung, beispielsweise einem Verwaltungsakt wie der Erteilung einer Bewilligung, gibt es nur eine Dienstleistungskette. Im Falle eines *Dienstleistungsnetzwerks*, beispielsweise im Gesundheits- oder Freizeitbereich, gibt es die Dienstleistungskette des jeweiligen Kunden, weil jeder seine Dienstleistungsabfolge durch seinen individuellen Bedarf innerhalb eines Dienstleistungsnetzwerks aktiviert (vgl Abb. 66). Interessant ist hier die Analyse der spezifischen Abfolge von ganzen Kundengruppen. So lassen sich segmentspezifische Verhaltenscluster, d.h. segmentspezifische Dienstleistungsketten, identifizieren. Dies ist insbesondere im Bereich Tourismus bei der räumlichen Anordnung von Attraktionspunkten oder bei der Gestaltung von Shopping Centern von Interesse (Beritelli et al., 2005; Bieger, 2007, 48). Kennt man diese typischen Abläufe, können diese gesteuert werden. So werden in Themenparks Hauptattraktionen oder in Lebensmittelgeschäften der Frische-Bereich (Brot, Gemüse) oft bewusst am Ende von Einkaufsstrassen gesetzt, damit Kunden zuerst die anderen Leistungselemente konsumieren, bis sie zu ihrem Ziel, der Hauptattraktion, gelangen.

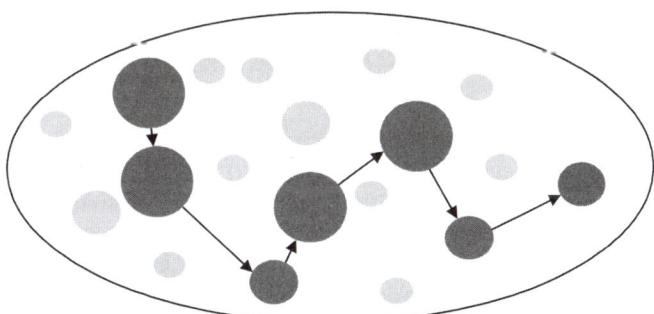

Abb. 66: Individuelle Dienstleistungskette
(Bieger, 2007, 48)

Dienstleistungsketten können im Sinne von Ablaufdiagrammen unterschiedlich fein strukturiert werden. Diese unterschiedliche Detaillierung ermöglicht unterschiedliche Betrachtungstiefen der Serviceabläufe (vgl. Abb. 67).

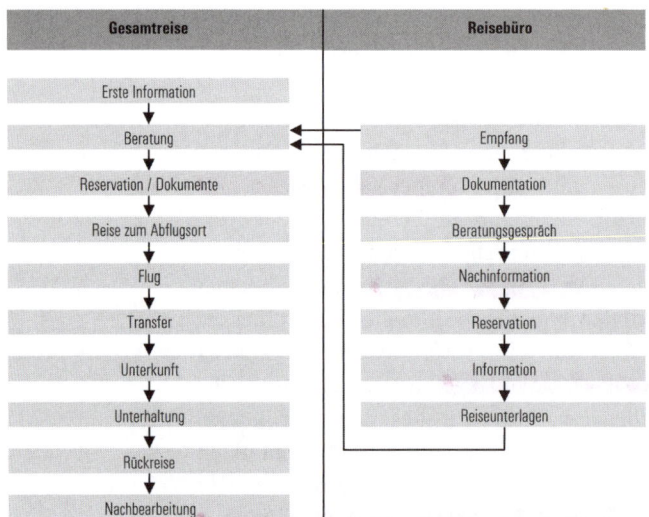

Abb. 67: Dienstleistungskette im Outgoing-Tourismus – Sicht Gesamtreise und
          Reisebüro
(Quelle: Bieger & Schallhart, 1996/97, 48)

4.4.3   Von der Dienstleistungskette zum Service Blueprint

Nicht alle Dienstleistungsakte werden in vollem Umfang vor Ort erbracht, sondern erfordern Zulieferprozesse unterschiedlicher Kom-
plexität. So wird beispielsweise in Restaurants und Fastfoodketten ein
immer kleinerer Teil der Speisen vor Ort gefertigt, sondern die Gerichte
werden lediglich regeneriert. Gerade durch technologische Entwicklungen ergeben sich in Bezug auf *Outsourcing-Prozesse* heute große Entwicklungen. Diese reichen von neuen Kochtechnologien, was eine hohe
Qualität auch bei regenerierten Speisen erlaubt, bis hin zu Ferndiagno-
sen in der Medizin.

Ein immer wichtigeres Element der Dienstleistungsgestaltung ist
das so genannte *integrierte Dienstleistungsdesign* (vgl. Belz & Bieger,
2000, 216; Reimer, 2004, 39). Unter Dienstleistungsdesign wird die integrierte Abstimmung von Dienstleistungsketten, Informationen der
Kundinnen und Kunden und die physische Gestaltung beziehungsweise *Tangibilisierung* verstanden. Vielfach sind Kunden heute gar nicht in
der Lage, spezifische Qualität wie eine spezielle Qualität von Zutaten
in einem Gastro-Menü zu erkennen. Entsprechend ist es entscheidend,
den Kunden durch eine gezielte Information auf die Qualität vorzube-

reiten. Durch Informationen über die Kunden kann die Dienstleistung kundenorientiert optimiert werden. Auch die Tangibilisierung von Dienstleistungen durch Werbegeschenke, die Gestaltung von Dienstleistungshilfsmitteln wie zum Beispiel auf Flügen die Speisen oder die Informationsbroschüren im Spital, aber auch die Gestaltung der Hardware in Form von Häusern, Dienstleistungsräumlichkeiten prägen wesentlich das Dienstleistungserlebnis.

Entscheidend ist es, aus Kundensicht sogenannte *Informations- und Sichtbarkeitslinien* zu definieren (vgl. Abb. 68). Im Rahmen des Dienstleistungsdesigns ist festzulegen, was der Gast sehen soll oder was hinter der Sichtbarkeitslinie durchgeführt wird, aber auch wann er welche Informationen erhalten soll. Ein Beispiel findet sich wiederum in der Gastronomie: Moderne Gastrokonzepte beinhalten häufig das Kochen vor den Augen des Gastes, insbesondere bei einer exotischen Küche ist dies ein Teil des Erlebnisses. Das Kochen wird zu einer eigenen Performance in der Design, Show und Informationselemente verbunden sind.

In vielen Dienstleistungskonzepten ist es auch Teil des Gesamterlebnisses, dass der Kunde selbst gewisse Teilleistungen erbringt. Der Kunde wird zum «*Prosumer*» (Freyer, 2009, 73; Toffler, 1983, 16). Diese *Rückdelegation* von Leistungen an den Kunden spart Kosten, beispielsweise wenn der Kunde selbst abräumt oder selbst Akten zwischen Büros transportiert. Sie ermöglicht aber auch eine Steigerung der vom Kunden erlebten Dienstleistungsqualität, indem er Nutzen wie

- größere Selbstbestimmung, beispielsweise bezüglich Auswahl oder Intensität der Leistung
- oder größere Authentizität durch einen eigenen Zugang zur selbst mitgestalteten Leistung erfährt.

Ein wichtiges Element ist auch die *persönliche Interaktion («Moment of Truth»)* zwischen Dienstleistungskunden und Dienstleister. Von Menschen erbrachte Dienstleistungsakte können auf einer Skala zwischen rein handwerklichen und interaktiven Tätigkeiten eingeordnet werden. Die handwerklichen Tätigkeiten betreffen oft die Schnittstelle zwischen Mensch und Maschine, beispielsweise Tätigkeiten in einem Call-Center, Abtragen von Geschirr im Restaurant oder Einscannen von Artikeln in einem Supermarkt. Dagegen stehen interaktive Dienstleistungskontakte bei ganzheitlichen Erlebnisleistungen oder Problemlösungen, beispielsweise Unterrichtsstunden in einer Sportart, persönliche Führung durch eine Tourismusattraktion oder Beratung, im Vordergrund.

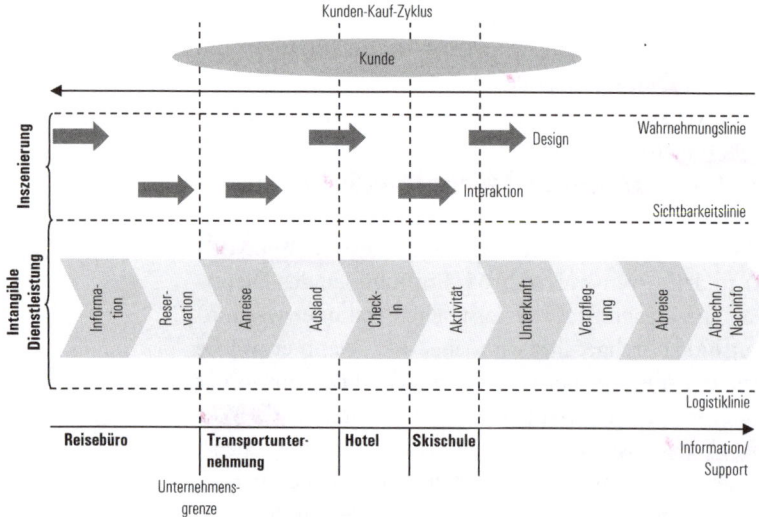

Abb. 68: Konzeption einer Dienstleistungskette aus Kundensicht
(Quelle: Bieger, 2007, 51)

Obwohl es bei allen Funktionen mit zwischenmenschlichen Kontakten immer auf die Qualität der persönlichen Interaktion ankommt, ist gerade bei Dienstleistungskontakten die Vermittlung von *Identität* wichtig (Bieger & Laesser, 2000, 223; zur Identität allgemein Hausser, 1995, 12ff). Die Identität kann vereinfacht definiert werden als Fähigkeit eines Individuums oder Kollektivs, sich als eigenständig und ursächlich, somit als different gegenüber seiner Umwelt anzusehen. Soziale Interaktion ermöglicht, Unterschiede oder Gleichartigkeiten mit dem Umfeld zu erfahren.

Insbesondere in Dienstleistungskontexten kann im Rahmen von Interaktion Handlung des Gegenübers ausgelöst werden, beispielsweise wenn etwas bestellt wird oder wenn einem Dienstleistungserbringer eine Anweisung erteilt wird. Man kann Ursächlichkeit erfahren.

Für die Darstellung des Dienstleistungserlebnisses aus Kundensicht eignet sich eine *erweiterte Dienstleistungskette* (vgl. Abb. 68). Der Kunde ist oft gerade bei Dienstleistungen ein regelmäßiger Käufer, ein Abschluss eines Dienstleistungsakts führt zu einem nächsten im Rahmen des *Kunden-Kauf-Zyklus*. Der Kunde sieht alles, was vor der Sichtbarkeitslinie geschieht. Seine Wahrnehmung wird jedoch durch Interaktion, Design, etc. geprägt. Im Detail beschriebene Dienstleistungsketten mit Darstellungen von für den Kunden nicht unbedingt sichtbaren aber produktionsrelevanten Faktoren wie Outsourcing, Informationsprozesse etc. können als *Service Blueprint* bezeichnet werden (vgl. auch Fritzsimmons & Fritzsimmons, 2006, 82ff).

Eine Dienstleistungskette kann, wie oben erwähnt, auf verschiedene Dienstleistungsunternehmen aufgegliedert werden, beispielsweise wenn eine Bank Anlageprodukte von anderen Banken verkauft oder wenn ein Hotel für das Unterhaltungsprogramm auf Dienstleistungen des lokalen Bergsportcenters abstützt. Dienstleistungsketten können auch ausdifferenziert werden. Dies ist bei Fluggesellschaften der Fall, die ihre Dienstleistungsketten nach Status-Kunden (beispielsweise Senatorkarteninhaber) und Standardkunden gliedern. Premiumkunden haben beispielsweise die Möglichkeit eines separaten Check-in oder auch die Möglichkeit, in der Transithalle eine Lounge aufzusuchen, es ergeben sich andere Elemente in der Dienstleistungskette.

Auf *strategischer Ebene* stellen sich damit bei der Dienstleistungserstellung die gleichen Fragen wie bei der Erstellung von physischen Produkten (vgl. Kapitel 4.3.2):

– nach der Leistungsbreite (verschiedene Arten von Dienstleistungsketten)
– nach der Leistungstiefe (wie viel der Dienstleistungskette soll selbst erstellt werden).

Auf der *operativen Ebene* sind zwei Themen von besonderer Bedeutung:

1. *Produktions- und Nachfragesteuerung:* Da Dienstleistungen nicht auf Lager produziert werden können, müssen erfolgreiche Dienstleister die Produktionskapazitäten steuern (beispielsweise indem Fluggesellschaften in verkehrsschwächeren Zeiten kleinere Flugzeuge einsetzen). Da die Produktionskapazitäten nicht beliebig steuerbar sind, müssen auch Maßnahmen der Nachfragesteuerung eingesetzt werden (beispielsweise dass in verkehrsschwachen Zeiten mehr Werbung gemacht wird und die Preise gesenkt werden; vgl. auch Lovelock, 1992, 157). Das Ziel ist die Vermeidung von Leerkapazitäten, die schließlich zu verfallener Produktion in Form von nicht genutzten Hotelnächten, leeren Flugzeugsitzen oder unproduktiven Beraterstunden, führen.

2. *Einsatz der Dienstleistenden im direkten Kundenkontakt:* Wie oben erwähnt, prägt jedes Leistungselement einer Dienstleistungskette und jeder Kundenkontakt («Moment of Truth») das Kundenerlebnis. Bei der Leistungserstellung im direkten Kun-

denkontakt ist eine Einflussnahme des Managements nicht mehr möglich. Der CEO einer Fluggesellschaft kann nicht ins Cockpit seiner Flugzeuge eingreifen, genauso wie ein Hoteldirektor keinen direkten Zugriff auf die Rezeptionisten hat. Es braucht deshalb ein besonderes «Enabling» (vgl. Bieger, 2007, 221; Normann, 1991, 85; Stewart, 1997). Eine solche Befähigung der Mitarbeitenden motiviert sie, kompetent und situationsgerecht eine Leistung zu erbringen.

Wichtige Voraussetzungen dafür sind

–   die Einbettung in eine Dienstleistungskultur, die die Besonderheit aber auch Grenzen der Dienstleistung beschreibt (Was machen wir für Kunden nicht, auch wenn sie es verlangen? Vgl. Grönross, 1990, 241).

–   geeignete Instrumente und Arbeitsmittel, bei den immer häufiger informationsbasierten Dienstleistungen insbesondere Datenbanken und Software.

–   eine vertrauensgestützte Führung und Unterstützung des Dienstleistungsmitarbeiters im direkten Kundenkontakt durch das Management. Häufig geht man hier auch vom Idealbild einer umgekehrten Pyramide aus (vgl. zu umgekehrter Hierarchie auch Lehmann, 1993, 44ff). Das Management ist gewissermaßen ein «Supporter» der «Mannschaft», die im direkten Kundenkontakt eine gute Dienstleistung erbringt.

5 Marketinginstrumenteneinsatz

5.1 Fallstudie JUNGFRAUBAHN

JUNGFRAUBAHNEN – Top of Europe

■ *Einzigartigkeit durch hochwertige Produktpositionierung*

Die Firma JUNGFRAUBAHN HOLDING AG ist das größte börsennotierte Incoming-Tourismus- und Bergbahnunternehmen der Schweiz. Sie betreibt als Herz ihrer Anlagen das Zahnradbahnnetz zum Jungfraujoch auf 3454 m Höhe, dem Top of Europe. Sie erschließt die nur per Bahn erreichbaren Tourismusorte Mürren und Wengen und betreibt u. a. die Bergbahnen auf die Ausflugsziele First, Harder Kulm und Mürren-Winteregg. Im Wintersport betreibt sie zusammen mit Partnerunternehmen die JUNGFRAU SKI REGION, die 2011 mit einem Umsatz von CHF 42,5 Mio. gemessen an den 1,1 Millionen «Skier visits» die Nummer 5 in der Schweiz war. An diesem Skigebiet hat die JUNGFRAUBAHN HOLDING AG einen Anteil von rund 2/3.

Das Unternehmen gliedert seine Aktivitäten entsprechend in die drei Geschäftsfelder des internationalen Ausflugstourismus – JUNGFRAUJOCH – TOP OF EUROPE, Ausflugsberge und Wintersport. Daneben werden Nebengeschäfte betrieben, beispielsweise Energieproduktion und -verteilung mit einem eigenen Kraftwerk, Shops bei den Ausflugszielen und Verpachtung der sieben eigenen Restaurants. Insgesamt wurde im Jahr 2011 ein Umsatz von CHF 148 Mio. erzielt und es resultiert ein Cashflow von rund CHF 51,5 Mio.

Die Jungfrau Skiregion verfügt über 220 Pistenkilometer zwischen 2900m und 700 m über dem Meeresspiegel. In den letzten Jahren wurde massiv in Pistenbeschneiung und in die Modernisierung der Transportanlagen investiert. Heute sind alle Hauptpisten beschneibar und in den letzten 5 Jahren hat die JUNGFRAUBAHN-GRUPPE alleine ihn ihrem Bereich drei neue moderne lange 6er Sessellifte mit Hauben eröffnet. Mit den Partnerunternehmen, insgesamt 6 Kooperationspartner, darunter die SCHILTHORNBAHN und die GONDELBAHN GRINDELWALD-MÄNNLICHEN, wird ein Tarifpool mit einem einheitlichen Tarifsystem betrieben. Die wesentlichen Entscheide werden in dem als einfache Gesellschaft organisierten Tarifpool in der Versammlung aller beteiligten Transportunternehmen beschlossen. Mit CHF 62 für eine Tageskarte liegt die Jungfrauregion im mittleren Preissegment. Mit beispielsweise 1 062 000 Skier visits 2012 liegt sie hinter den Schwergewichten Zermatt, Davos und St. Moritz/Engadin und je nach Jahr hinter der benachbarten Ski Region Adelboden–Lenk.

Das in der Jungfrauregion gelegene Mürren kann als Wiege des alpinen Skitourismus in der Schweiz bezeichnet werden. Schon vor dem ersten Weltkrieg brachten Engländer diesen ursprünglich aus Skandinavien stammende Sport in die Region. Viele Pisten haben heute noch englische Namen und es bestehen aktive englische Skiclubs. Bereits 1912 wurden ab Wengen regelmäßige Fahrten für Skifahrer mit der Zahnradbahn Richtung Kleine Scheidegg durchgeführt. Heute noch ist die Region in den internationalen Skimärkten gut verankert. Dank des weltbekannten Highlights der Region, dem JUNGFRAUJOCH – TOP OF EUROPE, bestehen auch Potentiale in den Zukunftsmärkten. Die Hauptkundengruppen sind jedoch heute Feriengäste aus der Schweiz und den umliegenden Ländern sowie Tagesgäste vor allem aus dem westlichen Teil der deutschsprachigen Schweiz und aus Süddeutschland.

JUNGFRAU SKI REGION nutzt die traditionellen Werbekanäle wie Plakate oder Inserate und auch selektiv Fernsehspots. Für den Ferientourismus ist eine aktive Distribution über Tour Operators und IT Buchungsplattformen vor allem für die internationalen Märkte von großer Bedeutung. Wie erwähnt, wird das Produkt u.a. durch Verbesserungen des Pisten- und Transportangebotes laufend weiter entwickelt und den Ansprüchen der Kundinnen und Kunden, aber auch den Anforderungen des Marktes angepasst.

Ein wichtiger Diskussionspunkt sind natürlich immer die Preise. Eine Diskussion über die Entwicklung der Preise könnte in etwa wie folgt abgelaufen sein:

Vertreter Bergbahn 1:
Im Wettbewerb entscheidet das Preis-Leistungsverhältnis. Wir haben an vielen Tagen außerhalb der Saison oder bei schlechtem Wetter unausgelastete Kapazitäten. Sollten wir nicht einfach die Preise senken und so die Nachfrage erhöhten?

Vertreter Bergbahn 2:
Preissenkungen bringen nur etwas, wenn die dadurch induzierte Nachfrageerhöhung größer ist als die relative Preissenkung. Ich bezweifle, dass dies möglich ist – und wenn, dann werden einfach an den Tagen, an denen wir heute schon zu viele Besucher haben, noch mehr Tagesgäste kommen, was insbesondere die Aufenthaltsgäste stören dürfte. Ich halte es nach dem

Grundsatz, dass ein erreichtes Preisniveau auch ein Asset und wesentlich für die Positionierung des ganzen Gebiets ist. Ich möchte nicht, dass wir ein Billig-Image bekommen.

Vertreter Bergbahn 3:
Warum senken wir die Preise nicht für die Tage, die sicher über die ganze Saison schlecht ausgelastet sind – die Samstage, an denen die An- und Abreise der Feriengäste stattfindet. Und senken wir doch die Preise nicht für alle Gäste, sondern dort, wo wir auch den größten Hebel bewirken, weil noch andere Gäste mitkommen, und wo wir auch auf Sympathien stoßen. Führen wir doch für Kinder, die mit ihren Eltern kommen, am Samstag den Null Tarif ein.

Tatsächlich hat die JUNGFRAU SKI REGION 2004 den Nulltarif für Kinder in Begleitung ihrer Eltern an Samstagen eingeführt. Für diese Maßnahme erhielt der heutige CEO der JUNGFRAUBAHNEN damals 2005 den «milestone», den Innovationspreis des Schweizer Tourismus.

Diskussionsfragen:
1. Welche Marketinginstrumente sind auf dem Ski-Markt von besonderer Bedeutung?

2. Unter welchen Bedingungen (insbesondere Eigenschaften der Nachfrage und der Produktion) lohnt sich ein markanter Rabatt auf einem Markt?

3. Wie müsste idealerweise eine Rabattaktion mit anderen Marketinginstrumenten im Rahmen eines Marketingmixes unterstützt werden?

5.2   Preisgestaltung

Preise haben innerhalb der *Marketinginstrumente* eine besondere Bedeutung (Becker, 2013, 513; Tomczak et al., 2007, 228ff). Zum einem definieren Sie zusammen mit dem Produkt die Leistung und über das wahrgenommene Kosten-Nutzenverhältnis auch den Kundenwert. Preise wirken gleichzeitig direkt als Entgelt pro verkaufte Leistung auf Umsätze. Definiert werden kann die *Preispolitik* als Summe aller «absatzpolitischen Maßnahmen zur Bestimmung und Durchsetzung der monetären Gegenleistung der Käufer für die von einer Unternehmung angebotenen Sach- und Dienstleistung» (Diller, 2000, 26; vgl. auch Meffert et al., 2008, 484).

Die *Kontrahierungspolitik* geht weiter und umfasst neben der Preispolitik auch die Konditionenpolitik und die Absatzpolitik (vgl. Diller,

2000, 14). Bei der Gestaltung des Instruments Preis orientiert sich das Marketing an Verhaltensannahmen bzw. Verhaltensmodellen der Kundinnen und Kunden, die denen der Mikroökonomik ähnlich sind.

5.2.1 Neoklassisches Preismodell

Im Vergleich zu anderen Marketinginstrumenten handelt es sich bei Preisen um einen rasch wahrnehmbaren und einfach einordenbaren *Stimulus* (vgl. S-O-R-Modell Kapitel 2.2.3). Entsprechend hat der Preis bei vielen Güterkategorien eine große Wirkung auf das Kaufverhalten: In der Entwicklung der Theorie stand zuerst die von der Mikroökonomik her bekannte Wirkung im Sinne der klassischen Nachfragekurve im Vordergrund. Diese zeigt für den Gesamtmarkt, wie viel von einem Produkt zu einem bestimmten Preis (P) verkauft werden kann. Auf individueller Ebene entspricht jeder unendlich kleine Punkt auf der Nachfragelinie (N) einem Kunden oder einer Kundin. Befindet sich ein Kunde oder eine Kundin respektive dessen Präferenzen und damit Zahlungsbereitschaft über der Preislinie, so wird gekauft. Befindet sich ein Kunde oder eine Kundin unterhalb der Preislinie, so verzichtet er oder sie auf einen Kauf (Abb. 69).

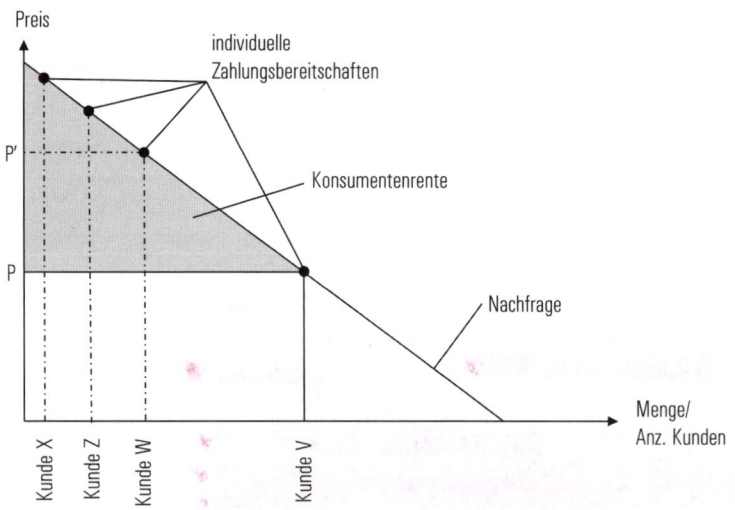

Abb. 69: Nachfragekurve als Aggregation individueller Präferenzen

Ein Kunde, der eine höhere Zahlungsbereitschaft als den Preis P hat, erhält eine *Konsumentenrente* (z.B. Kunde W, der sogar P' bezahlen würde). Er erhält die Leistung zu einem günstigeren Preis als er zu zahlen bereit wäre. Nach der neoklassischen Theorie haben *Preiselastizitäten* eine besondere Bedeutung für die Wirkung von Preisveränderungen. Eine Preiselastizität kann definiert werden als eine relative Änderung der Absatzmenge auf eine relative Veränderung des Preises. Reagiert die abgesetzte Menge prozentual im Vergleich zur prozentualen Preisänderung sehr stark, so spricht man von hoher Preiselastizität. Reagiert jedoch die abgesetzte Menge prozentual nur sehr wenig auf eine gegebene prozentuale Preisänderung, so spricht man von einer preisunelastischen Nachfrage. Unelastische Preisreaktionen gibt es

–   bei «Zwangsprodukten» (wie Abfallsäcke, Toilettenpapier, Zucker oder Salz)
–   bei Produkten, bei denen der Kaufpreis eine geringe Bedeutung beim Entscheid zum Konsum hat (beispielsweise beim Kauf von Skitageskarten bei schlechtem Wetter: das schlechte Wetter ist ein dominanterer Stimulus, der auch bei einem großen Rabatt zu einem Nichtkauf führt; vgl. auch Abb. 70)

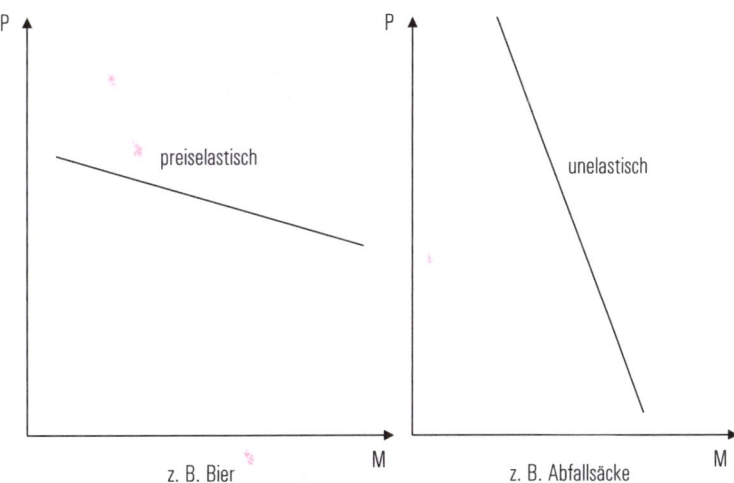

Abb. 70: Preiswirkung-Elastizitäten

Für Unternehmen lohnen sich *Preisrabatte* bei preiselastischem Verhalten der Nachfrage und gleichzeitig relativ geringen Grenzkosten für zusätzliche Leistungseinheiten, da sich der Gesamtumsatz bei wenig

Zusatzkosten erhöht (die prozentuale Zunahme der Absatzmenge ist größer als die prozentuale Preiseinbusse). Umgekehrt lohnen sich oft Preiserhöhungen bei unelastischer Nachfrage. In der Praxis werden dabei oft Kippeffekte festgestellt, verändert sich die Preise aus einer Bandbreite heraus, reagieren Kunden heftig (vgl. Assimilations-Kontrast-Theorie unten).

5.2.2 Verhaltenswissenschaftlich orientierte Preismodelle

Neben diesem neoklassischem Preismodell, das von einem weitgehend mechanistischem Verhalten der Kundinnen und Kunden im Sinne eines Homo ökonomicus ausgeht, wurden mit der Zeit weitere verhaltenswissenschaftlich orientierte Preismodelle entwickelt (vgl. Huber, Herrmann & Wricke, 2000, 692ff; Voss, Parasuraman & Grewal 1998, 47; Zeithaml, 1998, 3ff).

Wesentlich sind dabei zwei Grundkonzepte:

–   Kundinnen und Kunden beurteilen Preise auf Grund von vereinfachten Modellen. Viele Theorien sprechen von *Anker- oder Referenzpreisen*, mit denen Preisstimuli verglichen werden (vgl. Diller, 2000, 141; Meffert & Bruhn, 2000, 559; Pechtl, 2005, 23ff; Siems, 2009, 249ff). Dabei erfolgt die Preisbewertung relativ zum Referenzpreis als Urteilsanker und nicht ausgehend von der absoluten Höhe des zu bezahlenden Preises.

–   Die Reaktionen auf *Preisstimuli* führen nicht nur zu quasi digitalem Kauf oder Nichtkauf oder allenfalls Mengenentscheiden, sondern sie führen auch zu verhaltenswissenschaftlichen Reaktionen. Dies kann beispielsweise eine Veränderungen eines *Images* sein: Liegt zum Beispiel ein angebotener Preis für eine Leistung unter demjenigen, den man vom Anbieter auf Grund seines Images erwartet hätte, so kann dies zu einem Nichtkauf führen, weil man dem Angebot nicht traut – das Image des Anbieters ist tangiert (Helson, 1964; Sarris, 1971, 54). Preise haben auch eine *Versicherungsfunktion.* Wenn Kundinnen und Kunden in einem Konsumbereich über wenig Erfahrung verfügen, beispielsweise beim erstmaligen Kauf eines Medikaments, wählen viele nicht die günstigste Variante. Man verspricht sich vom höheren Preis eine höhere Qualität. Der höhere Preis wirkt so wie eine Versicherungsprämie (vgl. Feider, 1985, 91; Petermann, 1963, 38; Trommsdorff, 2004, 98).

Ein Grundmodell für verhaltenswissenschaftliche Preismodelle ist die *Assimilations-Kontrast-Theorie* (vgl. Diller, 2000, 130; Pechtl, 2005, 27). Liegt ein Preisstimulus innerhalb bestimmter Bandbreiten, so wird die Leistung gekauft und der Referenzpreis allenfalls angepasst (Assimilation). Liegt der Preis außerhalb, so wird er verdrängt bzw. als nicht relevant wahrgenommen (Kontrast) und nicht gekauft (Widerstand) respektive es wird verhandelt. Dies ist beispielsweise der Fall, wenn ein Kunde einen Referenzpreis für einen Flug aus Europa nach New York von CHF 900 00 verankert hat. Wird ihm jetzt ein saisonales Sonderangebot von CHF 360.00 angeboten und liegt seine unterste Bandbreite für eine Assimilation bei beispielsweise CHF 250 00, so wird er den Flug buchen, gleichzeitig aber seinen Referenzpreis nach unten anpassen.

Auf Grund dieser Preismodelle lassen sich für das Verhalten von Unternehmen verschiedene Schlussfolgerungen ziehen (vgl. Simon, 1992, 60f; Tomczak & Dittrich, 1997):

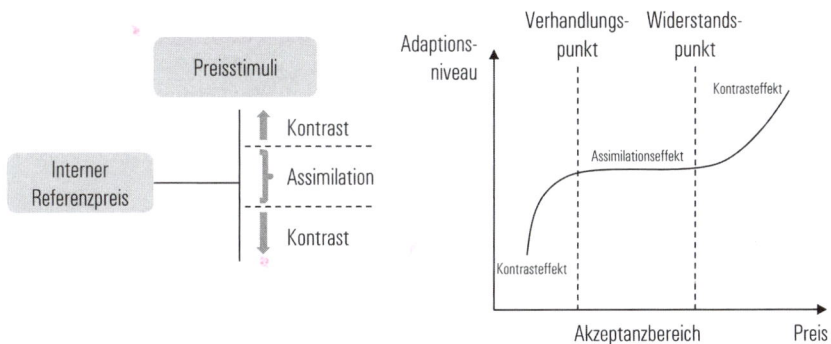

Abb. 71: Assimilations-Kontrast-Theorie
(Quelle: Friesen, 2008; in Anlehnung an Huber et al., 2000, 692ff)

– Mit einer *besseren Leistung* und durch eine höherwertige Positionierung dieser Leistung, beispielsweise mit Hilfe von Marketinginstrumenten wie Werbung, kann ein Anbieter am Markt einen höheren Preis durchsetzen, beispielsweise indem er sich in eine höherwertige Preiskategorie bei den Kunden entwickelt.
– Beim Angebot einer *gleichartigen Leistung* wie bei der Konkurrenz können Unternehmen durch einen niedrigen Preis einen Wettbewerbsvorteil erzielen. Vorausgesetzt, dass der Markt elastisch reagiert und dass die Grenzkosten in einem vernünftigen Verhältnis mit dem Preis stehen.

Preise haben in diesem Sinne immer dreifache Wirkungen:

- eine akquisitorische Wirkung als Preisstimuli
- eine Wirkung über ihre Funktion als Kosten- und Gewinndeckung
- verhaltenswissenschaftliche Wirkung mit Einfluss auf Image, Preiszufriedenheit, wahrgenommene Fairness respektive Versicherung (vgl. Diller, 2000, 183).

Dabei ist zwischen längerfristigen und kurzfristigen Effekten zu unterscheiden. Eine massive Preissenkung mittels eines Rabatts kann dazu führen, dass im Sinne der neoklassischen Preistheorie mehr verkauft wird. Auf Grund der verhaltenswissenschaftlichen Effekte ist jedoch davon auszugehen, dass Konsumentinnen und Konsumenten lernen, indem sie entweder ihre Preiserwartung nach unten anpassen und damit höhere Preise nach einer Rabattaktion kaum mehr durchsetzbar sind, oder in dem sie den Anbieter imagemäßig tiefer einstufen. Preisstimuli für kurzfristige akquisitorische Ziele müssen deshalb sehr sorgfältig geprüft und mit kommunikativen Begleitmaßnahmen (beispielsweise Begründungen für den Rabatt wie saisonale Rabatte, Eingrenzung auf bestimmt Kundengruppen) begleitet werden.

5.2.3 Aufgaben der Preisgestaltung

Bei der Preisgestaltung ergeben sich zwei Grundaufgaben:
1. Die Festlegung des Grundpreises
2. Die sinnvolle Ausgestaltung von Preisdifferenzierungsmaßnahmen

Für die Festlegung eines Grundpreises kann von den zentralen *Dimensionen der Preisbildung* ausgegangen werden (vgl. Diller, 2000, 52f; Nieschlag, Dichtl & Hörschgen, 1997, 361ff; Plinke & Söllner, 1995, 839ff; Tucker, 1966, 19):

- Kosten des Anbieters
- Kundennutzen
- Konkurrenz

Preise müssen in einem vernünftigen Rahmen zum vom Kunden empfangenen Nutzen stehen und der Positionierung der Leistung im Verhältnis zu den Wettbewerbern entsprechen. Sie müssen gleichzeitig eine ausreichende Kostendeckung bieten.

Bei der Einführung völlig neuartiger Leistungen wie beispielsweise bei der Einführung der I-Pad's stellt sich die Frage der *längerfristigen Entwicklung* eines Preises. Tiefe Preise würden eine rasche Verbreitung des Produkts erleichtern, wobei es dann in einer späteren Phase oft schwierig ist, die Preise wieder zu erhöhen. Die Ankerpreise der Kundinnen und Kunden müssten verschoben werden. Ein höherer Preis erschwert die Diffusion des Produktes, kann aber dazu beitragen, das Produkt als hochwertig und exklusiv zu positionieren. Eine Strategie, bei der man zuerst auf tiefe Preise, die dann langsam angehoben werden, setzt, kann als Penetrationsstrategie bezeichnet werden (Tomczak et al., 2007, 235). Eine Strategie, die zuerst auf hohe Preise, die dann sukzessive gesenkt werden, setzt, entspricht einer Skimming- oder Abschöpfungsstrategie (vgl. auch Abb. 72).

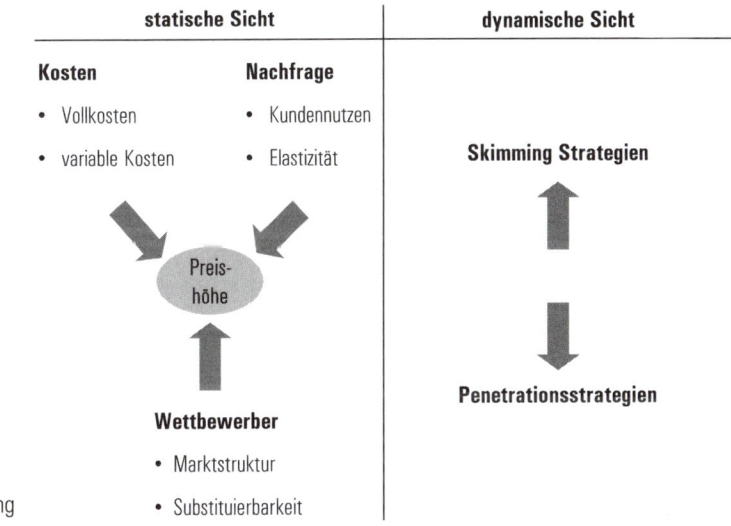

Abb. 72: Preisfestlegung

Bei der Ausgestaltung von *Preisdifferenzierungsmaßnahmen* ist davon auszugehen, dass jeder Kunde/jede Kundin auf Grund spezifischer Referenzen eine individuelle Zahlungsbereitschaft hat. Ein allgemeiner Grundpreis schöpft diese individuelle Zahlungsbereitschaft von all denjenigen Kundinnen und Kunden, die bereit wären, mehr zu zahlen, nicht ab. Diese erhalten eine Konsumentenrente. Ziel eines Anbieters muss es deshalb sein, durch eine möglichst individuelle Preisfestsetzung die individuelle Zahlungsbereitschaft optimal abzuschöpfen. Dies gilt im besonderen Maße für Dienstleistungsanbieter, die häufig zur Sicherstellung der Auslastung tiefe Preise setzen müssen. Werden diese auslastungsmotivierten tiefen Preise zu allgemeinen Grundpreisen, so kann keine ausreichende Kostendeckung erzielt werden (vgl. Abb. 73 & 74). Deshalb ist es auch zu erklären, dass die Technik der individuellen Preisfestlegung aus der Dienstleistungsbranche insbesondere in der Flug- und Hotelbranche entstanden ist (vgl. zu Evaluation von Pricing auch Ng, 2008, 101ff; Pompl, 2002, 230ff).

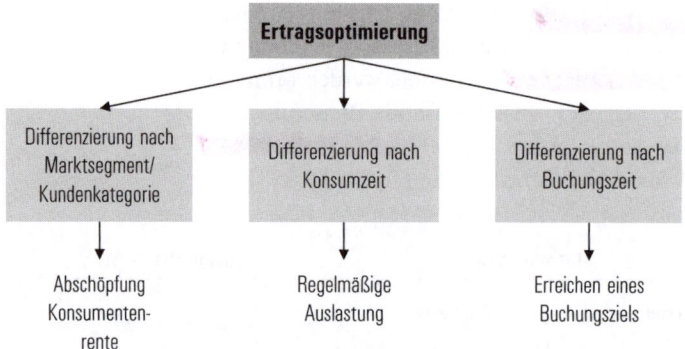

Abb. 73: Yield Management-Systeme
(Quelle: Bieger, 2007, 285)

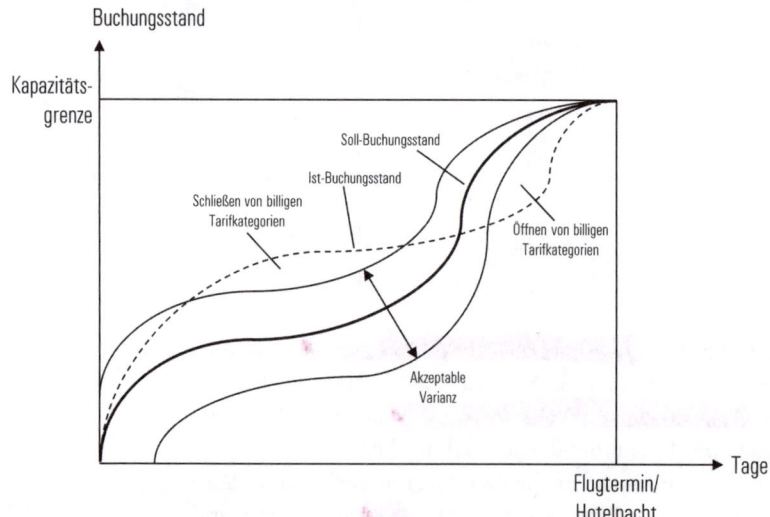

Abb. 74: Yield Management bei Buchungssystemen
(Quelle: Bieger, 2007, 287)

Wichtig ist, dass sich *individuelle Pricing-Modelle* konsequent am Kundennutzen des jeweiligen Kunden resp. einer Kundenkategorie orientieren. Damit Kundinnen und Kunden, die einen hohen Kundennutzen erhalten, nicht von tiefen Preiskategorien profitieren können, braucht es Abgrenzungsmechanismen. Man spricht hier auch von sogenannten «*fencing*»-Techniken (How to differentiate between different market segments; vgl. Wirtz & Kimes, 2007, 229ff; Zhang & Bell, 2012, 146ff). Jemand, der kurzfristig und dringend für den Abschluss eines wichtigen Vertrags morgen früh in Sao Paulo sein muss, ist beispielsweise auch bereit, für diesen Flug 20 000 oder 30 000 CHF zu bezahlen. Jemand, der sechs Monate voraus eine Reise bucht, wobei offen ist, ob man nach Lateinamerika, nach Asien oder nach Afrika reisen will, ist umgekehrt kaum bereit, mehr als 1600 CHF für einen Flug zu bezahlen. Diese beiden Kundenkategorien werden durch Buchungsvorschriften (günstige Tarife nur, wenn auch ein Sonntag am Reiseziel verbracht wird) und durch Buchungsdeadlines (kurzfristig sind oft nur noch sehr teure Sitzplätze verfügbar) voneinander abgegrenzt.

Damit die unterschiedlichen Preise auch in der Wahrnehmung der Kundinnen und Kunden akzeptabel sind, werden Mechanismen des «*framing*» (How can price schemes be designed) eingesetzt (vgl. zu Konzept des Fencing und Framing Ng, 2008, 108ff). Die Produkte werden so «eingerahmt», dass sie in ihrer Kundenwahrnehmung akzeptabel sind. So werden ganz teure Flugkategorien, wie beispielsweise Ersteklasseflüge, mit einem besonderen Service ausgestaltet und gleichzeitig Economy-Class-Flüge leistungsfähig klar tiefer positioniert. Preisdifferenzierung kann dafür an verschiedenen Merkmalen der Nachfrage ansetzen (vgl. Abb. 73).

5.3   Distributionspolitik

Das Marketinginstrument *Distribution*, oder Placement, befasst sich mit allen Entscheidungen eines Unternehmens, die dazu dienen, die verschiedenen Leistungselemente des Angebots dem Nachfrager zur Verfügung zu stellen (Specht, 1998, 14f). Ursprünglich bestand die Aufgabe der Distribution hauptsächlich darin, die physische Distanz zwischen Hersteller und Verbraucher zu überwinden (vgl. Kapitel 1.6.1; erste Phase des Marketings). Später stand das Ziel der möglichst umfassenden Verfügbarkeit an möglichst allen Punkten, an denen der Kunde oder die Kundin ein Bedürfnis nach einer Leistung entwickeln könnte, im Vordergrund (Phase der Marktbearbeitung und des differenzierten

Marketings). Heute geht es bei High-Involvement und Community-Produkten vor allem darum, durch die Distribution zusätzlichen Kundenwert zu schaffen, beispielsweise indem die Distribution in Form von Community Treffpunkten zu einem Erlebnis ausgestaltet wird. Ausdruck davon ist die Entwicklung von Online-Bestellungsplattformen zu sozialen Plattformen oder die Entwicklung von Fachhändlern über die Integration von Bars zu eigentlichen Erlebnisstätten einer Szene, was insbesondere im Motorrad oder Outdoorbereich verbreitet ist.

5.3.1 Funktionen der Distribution

Die *Funktionen der Distribution* können in Ergänzung der klassischen Funktionen (vgl. Specht, 1998, 5ff; Specht & Fritz, 2005, 48ff; Weinhold-Stünzi, 1994, 338) strukturiert werden in:

- *logistische Funktion* (Überwindung der Distanz vom Anbieter zum Kunden)
- *Zahlungsfunktion* (Inkasso beim Kunden und Sicherstellung der Rückflüsse zum Anbieter)
- *Sortimentfunktion* (Präsentation des Produkts in einem Sortiment und Integration des Produktes zu einem verkaufbaren Leistungssystem, beispielsweise wenn Skischuhe in eine Gesamtausrüstung fürs Skifahren integriert werden).
- *Akquisefunktion* (Gewinnung des Kunden durch direkte Ansprache und Erreichen möglichst vieler Kundinnen und Kunden)
- *Erlebnisfunktion* und weitere *Kundenwertfunktion* (indem der Einkauf zu einem Erlebnis gestaltet wird und weitere Nutzenkomponenten wie die Erschließung sozialer Netzwerke geboten werden)
- *Servicefunktion* (Lieferung und Inbetriebnahme oder Wartung)

Eine Distributionspolitik ist unterschiedlich, je nachdem welches der beiden Hauptziele der Distribution, eher eine akquisitorische Distribution oder eine physische, logistische Distribution, im Vordergrund stehen (vgl. Bieger et al., 2009, 150; oder auch Specht, 1998, 14f; Tomczak et al., 2007, 246).

Bei einer *akquisitorischen Funktion* stehen Aufgaben, wie aktive Ansprache von Kundinnen und Kunden, Kundenbindung, etc., im Vordergrund. Beispielhaft erfolgt dies durch Händlernetze im Automobilbereich, die schon alleine über ihre Präsenz und architektonische

Ausgestaltung für Aufmerksamkeit sorgen und die sich zu eigentlichen Kontaktpunkten für die Kundenbindung entwickeln.

Die physische *logistische Distribution* steht bei Gebrauchs- und Verbrauchsgütern des Alltages im Vordergrund, wenn es beispielsweise darum geht, sicherzustellen, dass Tiefkühlpizzen immer in ausreichender Qualität und Menge an allen Distributionspunkten von Tankstellenshops bis zu Großhandelsketten verfügbar sind.

5.3.2 Gestaltung der Distribution

Es können drei Arten von *Strategien im Distributionsbereich* unterschieden werden (vgl. Abb. 75; Tomczak, 1991, 62ff).

		Selektiv	Intensiv	Exklusiv
Vorteile		+ günstige Distributionskosten	+ Breite Erhältlichkeit	+ Positionierung
Nachteile		– Geringes Akquisitionspotential	– Hohe Kosten	– Erhältlichkeit reduziert

Abb. 75: Strategische Distribution
(Quelle: in Anlehnung an Tomczak, 1991, 62f.)

-   Die *selektive Distribution,* bei der ein Produkt nur über einzelne Fachhändler verfügbar ist, was zu hoher Beratungsleistung bei günstigen Distributionskosten, aber einem beschränkten Akquisitionspotential führt.
-   *Intensive Distribution* liegt vor, wenn ein Produkt möglichst überall erhältlich gemacht wird, was über die Erhältlichkeit zu höherem Akquisitionspotential führt, aber auch die Distributionskosten erhöht. Häufig müssen beispielsweise Regalplätze für neue Produkte im Detailhandel durch besondere Rabatte oder Margen für den Handel erkauft werden.
-   *Exklusive Distribution,* indem Produkte in Distributionskanälen verfügbar gemacht werden, wo sie einen besonderen Imagetransfer erfahren, beispielsweise wenn Modeprodukte nur in Flughäfen und an herausragenden Lagen in den größten Städten der Welt erhältlich sind. Die Produkte haben eine große Posi-

tionierungswirkung bei beschränktem Absatz respektive Diffusionspotential.

An Hand der Kriterien

- Kosten und Erlöswirkung
- Kundenverhalten
- produktespezifische Eigenschaften wie beispielsweise spezifische Lagerbedingungen oder spezifische Anforderungen an den Service

kann das Distributionssystem gestaltet werden. Klassische Distributionssysteme beruhen auf mehreren Stufen (vgl. Abb. 76). Diese umfassen vom Kunden her gesehen den Detailhandel, beispielsweise den Supermarkt, den Großhandel, beispielsweise einen Generalimporteur, und je nach Branche zusätzliche Formen von Absatzmittlern. Zu denen gehören im Tourismus Incoming-Operators, die in direktem Kontakt mit den einzelnen Leistungserstellern wie den Hotels Kontingente einkaufen und die Zahlungsabwicklung sicherstellen, oder im Versicherungsbereich Broker, die als Mittler von der Kundenseite her Produktekombinationsleistungen anbieten und integrierte Risikoabsicherungspakete zusammenstellen.

Abb. 76: Beispiel: Absatzkanal im Tourismus

Mit der Deregulierung der Märkte und dem Aufkommen neuer internetgestützter Distributionswege differenzierten sich Distributionssysteme aus. In vielen Fällen existieren heute Mehrkanalsysteme, bei denen die einzelnen Distributionskanäle untereinander auch in einem gewissen Wettbewerb stehen. So ist beispielsweise bei dauerhaften Konsumgütern häufig festzustellen, dass Kundinnen und Kunden sich im Einzelhandel beraten lassen, dann aber im Internet, dem günstigsten Kanal, direkt bestellen (vgl. auch Abb. 77). Die Herausforderung des Produzenten liegt darin, solche Multichannelsysteme effizient und wirkungsvoll, d. h. auch möglichst konfliktfrei zu steuern. Gleichzeitig muss mit der Preis- und Kommissionsgestaltung dem «Channel Swapping» von Kunden Rechnung getragen werden. Ist ein Produkt im Internet Direktverkauf günstig erhältlich, dürfte es schwierig sein, den Detailhandel zu motivieren.

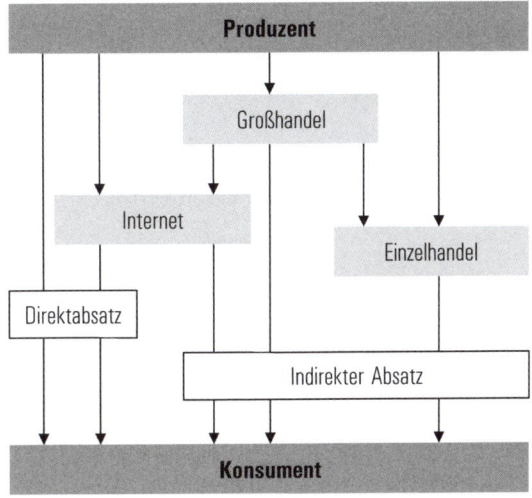

Abb. 77: Distributionssystem
(Bieger et al., 2009, 152; in Anlehnung an Meyer, 1984, 257)

Distributionssysteme sind auch einem ständigen Wandel unterworfen. Die beiden Grundaufgaben gemäß dem St. Galler Management-Modell, «Optimieren» und «Verändern», laufen in Multichannelsystemen häufig parallel. Auslöser solcher Veränderungen sind der Wandel der Nachfrage, das Auftauchen neuer Akteure am Markt, aber auch die Konsolidierung einzelner Akteure, oder Veränderungen im Umfeld, wie neue Technologien. So führen zum Beispiel die Bedürfnisse nach naturnahen Produkten zu einem zunehmenden Interesse am Direkteinkauf bei landwirtschaftlichen Produzenten von Lebensmitteln. Die Konsolidierung im Detailhandel führt dazu, dass Unternehmen neue eigene Absatzkanäle aufbauen. Mit Hilfe des Internets werden neue Formen des Direktabsatzes auch bei vorher für solche Kanäle nicht geeigneten Produkten wie beispielsweise Medikamenten entwickelt. Insgesamt ergibt sich in den verschiedenen Kanälen ein gegenläufiger Prozess von *Intermediation* (Einbindung neuer Absatzmittel wie beispielsweise Broker) und *Disintermediation* (Ausschaltung respektive Umgehen einzelner Stufen beispielsweise durch Direktverkauf von Bauern im Internet, vgl. Abb. 78).

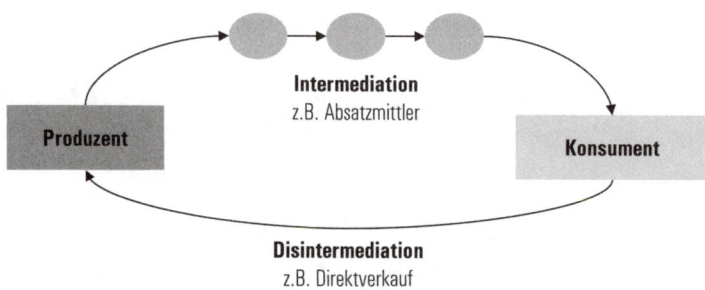

Abb. 78: Perspektiven der Entwicklung der Distribution

5.4 Kommunikation

Während Preis und Leistung direkt den Kundenwert beeinflussen, wirkt Distribution über die Erhältlichkeit und zusätzliche Nutzenkategorien wie Erlebnisse indirekt auf den Kundenwert. Auch Kommunikationsinstrumente als Stimuli wirken indirekt, begleiten aber häufig alle anderen Instrumente. So müssen Preisaktionen kommunikativ im Sinne eines «framing» eingebettet werden. Leistungen benötigen häufig gebrauchsbegleitende Informationen wie Benutzerhandbücher und die Distribution wird meistens direkt durch Kommunikation im Rahmen eines Verkaufsgesprächs begleitet. Kommunikation ist dabei in der Lage, indirekten Kundenwert zu schaffen in Form von Prestige, Aufladung der Produkte mit Image und damit Befähigung der Produkte, zur Identität beizutragen. «*Kommunikationspolitik* umfasst alle Entscheidungen und Handlungen zur Festlegung und Übermittlung von Informationen und Bedeutungsinhalten in ausgewählten Zielgruppen mit dem Zweck der Beeinflussung» (Kuss, 2006, 218, in Anlehnung an Shimp, 1993, 7f).

5.4.1 Rolle und Aufgabe der Kommunikation

Die *Wirkung von Kommunikationskanälen* wird insbesondere in Prozessmodellen nachvollzogen (vgl. Abb. 79). Die Codierung der Botschaft «kompatibel sein» mit den Decodierungsmechanismen beim Empfänger, d.h. beispielsweise, dass die gleiche Tonalität in der Sprache und die gleichen Symbole genutzt werden. Eine Werbung, die auf die Qualität von teuren Bordeaux-Weinen hinweist und in der Tonalität der Jugendszene codiert wird, ist beispielsweise beim relevanten Kaufsegment kaum erfolgreich. Entscheidend ist aber auch die Wahl der richtigen Übertragungskanäle. Medien bzw. Übertragungskanäle müssen nicht nur in Abhängigkeit der Zielgruppe, sondern auch des Zeitpunktes (Jugendliche lesen beispielsweise am Morgen Gratiszeitschriften, während am Abend möglicherweise eher im Internet gesurft wird) und nach der Produktekategorie ausgerichtet werden. Bei High-Involvement-Produkten wie beispielsweise Sportartikel werden Informationen eher in Fachzeitschriften oder Fach- und Community-Websites gesucht als in allgemeinen Publikumszeitschriften.

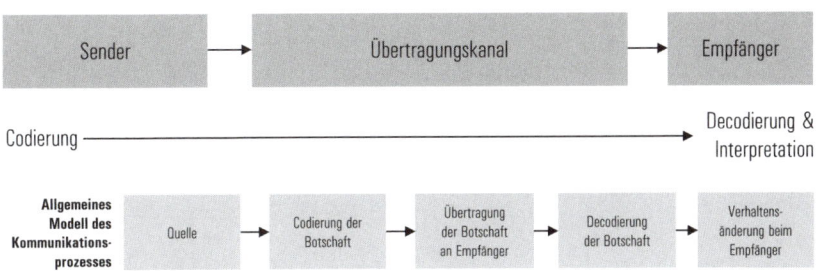

Abb. 79: Allgemeiner Kommunikationsprozess und Prozess der Marketingkommunikation
(in Anlehnung an Kuss & Tomczak, 2007, 238)

Die *Ziele der Kommunikation* können in einer Hierarchie dargestellt werden und umfassen beispielsweise nach Kroeber-Riel & Weinberg (1999, 586f):

- *Bekanntheitsziele,* damit werden Leistungen, Produkte und Marken bei den Verbrauchern in das «latent set», d.h. ins allgemeine Bewusstsein gebracht
- *Akzeptanzziele,* damit werden Leistungen, Produkte und Marken beim Verbrauch für einen Nutzen, Zweck oder für eine Gebrauchskategorie in die akzeptable engere Auswahl («evoke set») gebracht,
- *Profilierungsziele,* damit werden Leistungen, Produkte und Marken gegenüber Konkurrenzangeboten positiv differenziert.

5.4.2 Gestaltungsräume der Kommunikation

Für die Gestaltung und Steuerung der Kommunikation hat sich das *sieben W-Modell* in der Praxis bewährt (vgl. Bieger, 1996, 220). Mit der

Beantwortung von sieben W-Fragen können die wesentlichsten Aspekte eines Kommunikationskonzepts im Sinne eines Entscheidungsrasters bearbeitet werden (vgl. Abb. 80).

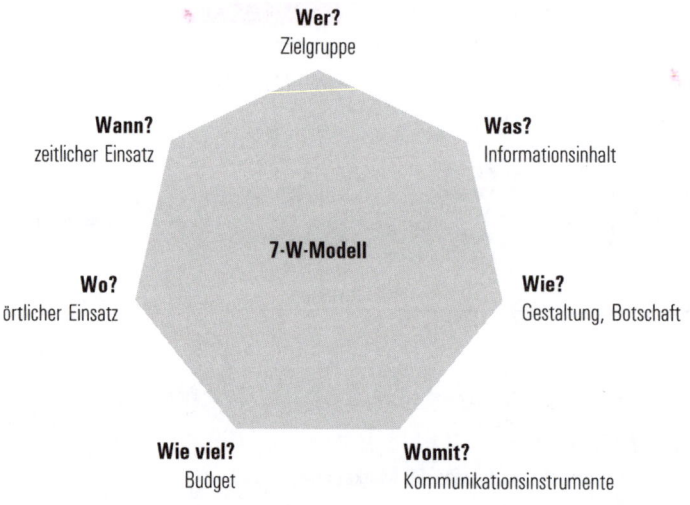

Abb. 80: Gestaltung der Kommunikation
(Quelle: Bieger, 1996, 220)

Dabei gilt es, die verschiedenen *Kommunikationsinstrumente* untereinander abzustimmen. Klassischerweise werden als Kommunikationsinstrument Werbung, Verkaufsförderung, Messen, persönlicher Verkauf, Sponsoring, Product Placement, Eventmarketing und Multimediakommunikation genannt (vgl. auch Hermanns & Sauter, 1999, 23; Tomczak et al., 2007, 238ff). Ergänzt werden kann diese Liste durch Instrumente im Bereich der neuen Medien wie beispielsweise Internetauftritte und Präsenz in Social Media. Ein Kommunikationsinstrument, das ebenfalls an Bedeutung gewinnt, ist die Medienarbeit.

Werbung bezeichnet Kommunikation, die auf bezahltem Medienraum beruht (beispielsweise Inserate in Zeitungen) und bezüglich Inhalt, Form, Platzierung unter voller Kontrolle der Unternehmung bzw. des Senders steht. Davon grenzt sich die *Medienarbeit (Public Relations)* ab. Typischerweise wird hier in einem nicht bezahlten, in voller Autonomie einer Redaktion stehenden Medienraum kommuniziert. Dies ist beispielsweise der Fall, wenn zur Lancierung eines neuen Produkts (beispielsweise im Skigebiet LAAX der Bau einer neuen Sesselbahn) eine Medienkonferenz durchgeführt wird und anschließend Zeitungen, Informationsplattformen im Internet oder Regionalfernsehen über das neue Angebot berichten.

Verkaufsförderung bezeichnet eine Vielzahl von Maßnahmen, mit denen der Absatz kurzfristig stimuliert werden soll. Ein wichtiges Teilinstrument von Verkaufsförderung sind Auftritte an Messen oder die Durchführung von Wettbewerben (Bieger, 2008, 211; auf der Basis von Middleton, 1994, 159). Häufig sind die Übergänge von Verkaufsförderung zu persönlichem Verkauf fließend. *Persönlicher Verkauf* ist die individuelle Interaktion zu einzelnen Kunden oder Kundengruppen, beispielsweise wenn auf einem Jahrmarkt ein Verkäufer potentielle Käufer anspricht (Belz, 1999; Nieschlag et al., 1997ff; Plötner, 1995, 815ff).

Sponsoring, Product Placement und *Event Marketing* sind indirekte Instrumente, bei denen über Dritte, beispielsweise über einen gesponserten Athleten, Produkte oder Botschaften platziert werden. Es wird hier quasi der Medienraum des Anlasses, des Films, oder des gesponserten Objekts oder der Person mitbenutzt (vgl. Becker, 2013, 626; Bruhn, 2003; Mues, 1990; Nickel, 2005).

Im Internet sind verschiedene Formen von Auftritten möglich, beispielsweise

- die Gestaltung von eigenen Webauftritten und Verkaufsplattformen (E-Commerce) oder sogar Community-Chat-Plattformen, die den Austausch in einer unternehmens- oder markenbezogene Community erleichtern,
- Kauf von Werberaum auf Internetseiten,
- Platzierung der eigenen Produkte, Marke oder Unternehmung in Suchmaschinen durch aktive Beeinflussung oder Kauf entsprechender Platzierungen.

In sozialen Medien gibt es die Möglichkeit, reaktiv auf Erwähnungen in Blogs oder Austauschforen zu reagieren oder auch aktiv in Netzwerken präsent zu sein.

Im Rahmen der *taktischen Kommunikationsplanung* geht es darum, die einzelnen Instrumente untereinander abzustimmen.

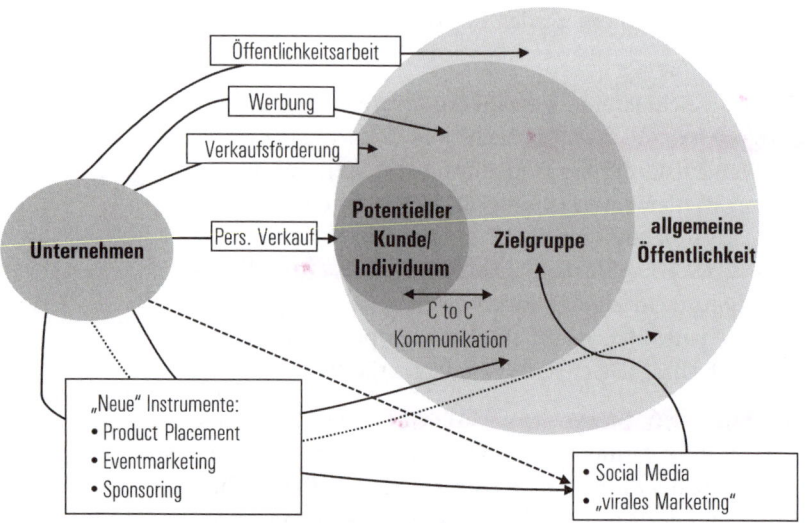

Abb. 81: Instrumente der Kommunikation

Abb. 81 zeigt ein vereinfachtes Wirkungsschema. So kann es sinnvoll sein, zeitlich vorgelagert zu einer Produkteinführung allgemeine Öffentlichkeitsarbeit zu machen, um Bekanntheit zu erzeugen. Zeitlich nachgelagert kann über Werbung eine Präferenz gebildet werden, um anschließend über Verkaufsförderung und persönlichen Verkauf zum Beispiel in Form von Direktmarketing in persönlicher Ansprache einzelner Kundinnen und Kunden eine Profilierung zu erreichen. Unterstützt werden könnte ein solches Vorgehen durch begleitende Instrumente wie beispielsweise das Sponsoring eines imagemäßig kompatiblen Events, das etwa zur gleichen Zeit stattfindet.

5.4.3   Wandel der Kommunikation

Ganz allgemein lässt sich ein Wandel weg von einseitigen Medien zu *interaktiven Medien* und damit auch eine Entwicklung hin zu mehr *On-demand-Information* feststellen. Die Herausforderung in der Marketingkommunikation besteht damit darin, genügend auf das eigene Unternehmen oder Produkt oder die Marke aufmerksam zu machen, so dass von den angestrebten Zielgruppen aktiv Informationen abgerufen werden. Viele sprechen in diesem Zusammenhang von der Verknappung der Aufmerksamkeit, von einer «Aufmerksamkeitsökonomie» (vgl. dazu auch Franck, 1998). Ein weiterer Trend besteht im sogenannten *viralen Marketing*. Durch Bereitstellung von geeigneten Inhalten, beispielsweise attraktiven Filmen oder auch Spielen, kann ein eigentlicher C-2-C-Aktionsprozess in Gang gesetzt werden. EMMI hat dies mit einer Murmeltier-App geschafft, das virtuelle Kuscheltier wird dabei von Kunde zu Kunde bekannt gemacht und heruntergeladen.

5.5 Marketingmix

Der Einsatz der einzelnen Marketinginstrumente bzw. deren Teilinstrumente muss auf die Marketingziele ausgerichtet und entsprechend der Strategie abgestimmt werden. Den Entscheid bezüglich des Einsatzes des ganzen Instrumentariums bezeichnet man als *Marketingmix*. In Anlehnung an Meffert kann Marketingmix definiert wer den als «getroffene Auswahl von Marketinginstrumenten auf ihrem qualitativen und quantitativen Niveau» im Hinblick auf die Erreichung der langfristigen strategischen und kurzfristigen operativen Marketing- und Unternehmensziele (Meffert, 2000, 971).

5.5.1 Ziele des Marketingmixes

Ein Grundentscheid für den Instrumenteneinsatz wurde bereits im Zusammenhang mit der Instrumentalstrategie getroffen, in deren Rahmen die Ziele für den Einsatz der einzelnen Instrumente festgelegt wurden. Abb. 82 gibt einen Überblick über Instrumentalziele auf der Ebene der einzelnen Marketinginstrumente.

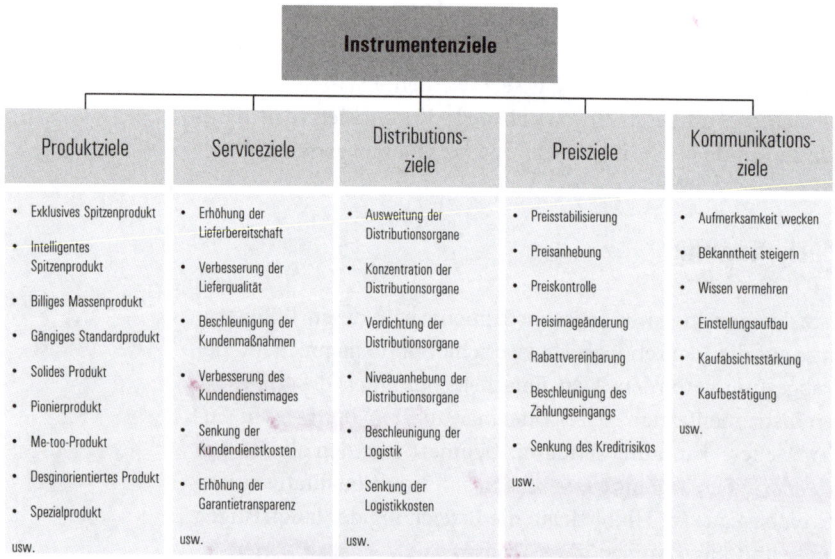

Abb. 82: Beispiele für Instrumentenziele im Marketing
(Quelle: Koppelmann, 2000, 249)

Insgesamt ist das Ziel, bei einem *gegebenen Ressourceneinsatz* (Marketingbudget) ein *Maximum an Kundenwirkung* (in Form von kurzfristigen Deckungsbeiträgen und/oder längerfristigen Marktpositionen (vgl. auch generell die Diskussion um Marketingziele) zu erreichen.

5.5.2 Planung des Marketingmixes

Die Planung des Marketingmixes ist ein komplexes Entscheidungsproblem, weil (vgl. u. a. Kühn, 1997, 11f; Nieschlag et al., 1997, 890):

–   sich die einzelnen Instrumente in ihrer Wirkung und damit auch im Einsatz gegenseitig beeinflussen
–   sich die Bedingungen für den Einsatz laufend auf Grund der Marktbedingungen oder Umfeldbedingungen, der Veränderungen des Nachfrageverhaltens, und weil immer wieder neue Marketinginstrumente entwickelt werden, ändern
–   eine große Zahl von Kombinationsmöglichkeiten der verschiedenen Instrumente möglich ist und damit ein sehr großer Lösungsraum besteht

–   ein Marketingmix für eine Zielgruppe auf Grund der Streuwirkung einzelner Instrumente auch auf andere Marktsegmente ausstrahlt

Für die Optimierung des Instrumenteneinsatzes als komplexes Problem wurden verschiedene Methoden in Theorie und Praxis entwickelt (vgl. Kaas, 2001, 1002ff; Wöhe & Döring, 2005, 580ff). Beispielsweise befasst sich das *Dominanz-Standard-Modell* von Kühn mit der Suche nach der optimalen sequentiellen Priorisierung oder simultanen Anwendung der Marketinginstrumente im Marketingmix (vgl. Kühn, 1985, 16ff). Auf der einen Seite stehen *quantitative Optimierungsmodelle*, die auf der Basis von Verhaltensmodellen mit mathematischen Verfahren (beispielsweise aus dem Bereich des Operations Research) in mehrstufigen Rechenprozessen versuchen, einen optimalen Ressourceneinsatz beispielsweise bezüglich der Budgetallokation zu errechnen. Auf der anderen Seite stehen *heuristische Verfahren,* bei denen beispielsweise in mehrstufigen Entscheidungsprozessen zuerst die Budgets auf einzelne Instrumentengruppen und dann sukzessive auf einzelne Instrumente verteilt werden.

Ein in der Praxis weit verbreitetes Verfahren besteht im Werkzeug des *Marketingplanes.* Unternehmen haben dafür oft eigene Formularraster entwickelt. Bei den meisten dieser Raster werden die einzelnen Instrumente aufgelistet und konkrete Maßnahmen pro Instrument definiert. Dabei wird die Budgetzuteilung festgelegt und der Einsatz zeitlich im Jahresablauf geplant. Solche Übersichten helfen insbesondere, das zeitliche Zusammenwirken der Instrumente zu koordinieren (vgl. Abb. 83).

Instrument	Maßnahmen	Budget	Maßnahmen und Mittelverwendung im Jahresverlauf											
			J	F	M	A	M	J	J	A	S	O	N	D
Promotion														
Place														
Product														
Price														

Abb. 83: Detailplanung Marketing-Mix – Marketing-Plan

Wie bereits oben erwähnt, ändert sich das Schwergewicht im Marketingmix im Verlaufe des Buying Cycle. Abb. 84 gibt einen detaillierteren Überblick über die Teilinstrumente, die pro Instrumentengruppe je nach Phase im Buying-Cycle im Vordergrund stehen (vgl. auch Bieger et al., 2009, 161ff).

	Kontaktphase	Evaluationsphase	Kaufphase	Nutzungsphase	Wiederkaufsphase
Marktleistungs-gestaltung	Probierpackungen, Muster	Bedürfnisanalysen; Gestaltung des Pflichtenhefts; Testinstallationen	Vertragsgestaltung, Übergabe und ggf. Installation	Bedienungsanleitung; Kundenschulung: Kundenclub: Zubehör und Ergänzungsleistungen; Kundendienst: Garantieleistungen	Abonnement: Updates
Preisgestaltung	Preisbrecher-angebote; Unterstreichen v. Imageeffekten bei Luxusgütern/ Innovationen durch Hochpreispolitik	Preisvariationen für unterschiedliche Module; Preisdifferenzierung und -bündelung; bewusstes Schaffen von Preistransparenz oder -intransparenz	Zahlungskonditionen; Finanzierungsangebot	Zweiteilige Tarife (z.B. Halbtaxabo]; Fixpreise für verlängerte Garantiephasen; Sicherstellen von Preiszuverlässigkeit (z.B. Preiskulanz bei Reparaturen)	Kundenclubrabatte; Stammkundenkonditionen; Staffelrabatte
Kommunikation/ Marktbearbeitung	Event-Marketing; Messen; Massen-kommunikation (Werbung); Product Placement (z.B. in Filmen)	Beratung durch persönlichen Verkauf; emotionale Profilierung; Up-Selling	Kommunikation kaufbeständiger Informationen; Transparenz und Erklärung der Rechnung	Beschwerdemana-gement; Kommunikation von Ergänzungs-angeboten; emotionale Profilierung; Kundenzeitschrift	Direct-Marketing an Stammkunden; Coupons; Event-Marketing für Stammkunden; Pflege persönlicher Geschäftsbeziehungen
Distribution	Standortauswahl, -ausschilderung; Show-Rooms	Produktkonfiguration über das Internet; Verkaufsstellen-/ -raumgestaltung	Produktplatzierung; Logistik; Produkt-verfügbarkeit; Just-in-Time Lieferung	Servicestandorte und -netz; (internationale) Verfügbarkeit von Zubehör	Internationales Distributionsnetz; Kooperationen mit anderen Anbietern; Förderung der Händler- bzw. Verkaufsstättentreue

Abb. 84: Marketing-Mix im Buying Cycle

(Bieger et al., 2009, 160)

6 Controlling und Innovation

6.1 Fallstudie Onlineportal von Swiss

Swiss International Air Lines – Our sign is a promise

■ *Verhaltenssteuerung durch Buchungsplattform*

Swiss International Air Lines ist die Fluggesellschaft der Schweiz und eine Tochter der Lufthansa Gruppe. Mit 83 Flugzeugen betreibt sie ein Europa- und Interkontinental-Netz mit insgesamt 106 Destinationen (Stand April 2015). Während das Europa-Geschäft unter beträchtlichem Kostendruck insbesondere durch das Erstarken von Low-Cost-Carriern steht, ist das von der Swiss betriebene Langstreckennetz das ökonomische Rückgrat. Dabei profitiert die Gesellschaft sowohl von der Qualitätskultur und den Kompetenzen des Unternehmens und seiner Mitarbeiter, von der Attraktivität des Heimmarktes Schweiz mit seinen vielen internationalen Unternehmen, als auch von den Synergien mit dem Lufthansa-Konzern, der mit den vier Hubs Frankfurt, München, Zürich und Wien ein für Geschäftsreisende attraktives Multi-Hub-System betreibt.

Bei der Entwicklung von E-Commerce waren die Fluggesellschaften mit ihren Online-Buchungssystemen immer Vorreiter. So betreibt auch die Swiss seit ihrer Gründung im Jahr 2002 ein solches System. Die Vorteile für Kunden und Unternehmen liegen auf der Hand: Die Fluggesellschaft kann rasch reagieren und beispielsweise je nach Auslastungsstand individuelle Preise setzen. Sie hat einen direkten Kundenzugang und kann insbesondere auch Vielflieger mit Meilenprogrammen direkt bearbeiten, Kundinnen und Kunden profitieren von raschen, problemlosen Buchungsmöglichkeiten und einer hohen Kostentransparenz.

Die Buchungsplattform von Swiss wird regelmäßig überarbeitet. Diese Überarbeitungen gehen soweit, dass teilweise von einem Relaunch gesprochen werden kann. Treiber sind das Verhalten der Kundinnen und Kunden, das von raschen Lernprozessen im Umgang mit diesen Tools geprägt ist, die Entwicklung von Systemen der Konkurrenz, aber auch neue technische Möglichkeiten und Erkenntnisse zur Optimierung von Verkaufsplattformen.

Die Swiss ließ sich bei der letzten Überarbeitung ihrer Buchungsplattform vor allem von den Grundsätzen leiten:
– hoher Kundennutzen durch rasche und einfache Applikationen
– hoher Grad von wahrgenommener Kundenfairness durch übersichtliche Preispräsentation
– Möglichkeit für Zusatzerträge durch attraktive Platzierung von Zusatzkaufoptionen wie Mietwagen, Versicherung, Upgrades etc.

Eine große Bedeutung haben dabei auch neue Erkenntnisse in der Kundenverhaltensforschung, d.h. wie der Entscheid bezüglich gewählter Variante durch Präsentation der Entscheidungsvarianten beeinflusst werden kann (gezielte Gestaltung der «Defaults»). So wurden zum Beispiel Schemen entwickelt, die die verschiedenen Preisoptionen mit ihren Bedingungen wie Rücktrittsrecht und Komfortstufen (z.B. Business-Class oder Lounge-Zugang) übersichtlich aufzeigen. Auch werden am Schluss der Buchungsseiten Zusatzangebote, wie beispielsweise zusätzliche Reiseversicherungen, präsentiert.

Beim Wechsel von einer Generation Webauftritt zur nächsten besteht jeweils die Gefahr, dass Kundinnen und Kunden, die an das alte System gewöhnt waren, verwirrt sind, zu viel Zeit mit der Buchung verbringen und damit negativen Kundennutzen erfahren, so frustriert werden und im schlimmsten Fall sogar abwandern. Umgekehrt besteht das Potential, dass neue Kundinnen und Kunden gewonnen werden und dass pro Kunde / Kundin ein höherer Umsatz erzielt werden kann. Ein fingiertes Gespräch zur Einführung der neuen Webpage könnte wie folgt verlaufen:

Marktforscher/in:
Von der Kundenverhaltensforschung wissen wir, dass bei intransparenten Produkten die Kunden dazu tendieren, nicht die günstigsten, sondern die Mittelpreisangebote zu wählen. Auch die Präsentation hochpreisiger Angebote als Framing-Element beeinflusst die Bereitschaft, teurere Angebote zu kaufen. Rein theoretisch müsste deshalb das System so gestaltet werden, dass ein Kunde sich durch die verschiedenen Preiskategorien durchklicken muss und dabei zuerst die ganz hohen und die ganz tiefen Preise erscheinen und sukzessive dann erst die mittleren Preise präsentiert werden.

Marketingleiter:
Dieses Verfahren kann zwar allenfalls den durchschnittlichen Preis pro Transaktion erhöhen, gleichzeitig können Kundinnen und Kunden jedoch durch die präsentierten hohen Preise oder das lange Verfahren abgeschreckt werden. Als nationale Fluggesellschaft ist unser wichtigstes Gut das Kundenvertrauen. Wir sollten deshalb nicht durch künstliche Intransparenz das Kundenverhalten einseitig zu unseren Gunsten beeinflussen. Wichtig ist der langfris-

tige Aufbau von Kundenvertrauen und Kundenbindung, und das kann immer nur über Transparenz erfolgen.

Diskussionsfragen:

1. Welches sind die Treiber hinter der diskutierten Neuentwicklung des Webauftrittes?

2. Mit welchen Controllinggrößen kann die Einführung einer neuen Webpage im vorliegenden Beispiel begleitet werden? Gehen Sie bei der Ableitung von Controllinggrößen von möglichen Zielsetzungen bei der Einführung der neuen Webpage und von den allgemeinen Marketingzielen aus.

6.2   Marketing-Controlling

Controlling ist Bestandteil jedes systematischen Management-Kreislaufes. *Controlling* ist dabei nicht der Abschluss eines Prozesses. Die Controlling-Resultate sollen direkt in die Entscheide über Zielsetzung, Strategie und Maßnahmen für die nächste Runde einfliessen, respektive wie im Einführungsbeispiel Maßnahmen in ihrer Steuerung begleiten (Reinecke & Reibstein, 2001, 144ff).

Controllingresultate werden in *Management-Cockpits* für die fortlaufende Adjustierung von Maßnahmen, Strategie und Ziele eingesetzt. Gegenüber dem traditionellen Ansatz des mehrrundigen Managementkreislaufes nach Fayol (1929, 34ff) hat das St. Galler-Management-Modell den Fokus auf das ständige Stabilisieren und Verändern in in sich überlagernden Prozessen gerichtet (vgl. auch Kapitel 1 und Abb. 85).

Abb. 85: Funktionen des Managements nach Fayol (1929, 24 ff.)

Auch für das Marketing-Management braucht es ein Controlling, das über an Zielsetzungen orientierte *Indikatoren* die Entwicklung und die Resultate von Marketingprozessen begleitet. Der Akzent steht dabei nicht primär auf «Kontrolle», sondern wird im Sinne des englischen «Control» breiter als ein «Planungs-, Kontroll-, Steuerungs- bzw. Regelungssystem» aufgefasst (Köhler, 1993, 255). Ziel ist eine datenbasierte Feinsteuerung, Planung und Lenkung wirtschaftlicher Prozesse zur systembildenden und systemkoppelnden Koordination und Adaption des Gesamtsystems (Horváth, 1996, 141; Seidenschwarz & Gleich, 2001, 615).

Da alle Controlling-Erkenntnisse zu Anpassungsmaßnahmen führen, häufig in Form von Innovationen, wird das Thema Innovation in diesem Buch zusammen mit dem Thema Controlling behandelt.

6.2.1 Entwicklung eines Controlling-Konzepts

Ein praktisches Beispiel zeigt, wie Controlling im Marketing-Management auf verschiedenen Ebenen Nutzen entfalten kann:
Der Schokoladenhersteller XY entwickelte ein innovatives Verpackungskonzept. Von den bisherigen Papier- und Zellophan-Verpackungen wollte man abweichen und eine Designer-Plastik-/Kunststoff-Verpackung für die traditionellen Schokoladenprodukte einführen. Gleichzeitig wollte man mit dieser Maßnahme die Produkte «upgraden» und für diese mittelfristig höhere Preise verlangen (vgl. auch Kapitel 5.2.2). Ziel all dieser Maßnahmen war es, durch die neue Verpackung eine attraktivere Positionierung im Detailhandel und bei den Endkunden zu erhalten und so die Verkäufe zu steigern und gleichzeitig aufgrund

der Alleinstellung die Zahlungsbereitschaft zu erhöhen. Dabei sollte im Sinne eines Relaunches der Lebenszyklus des Produktes verlängert und das Produkt gegenüber den Kundinnen und Kunden attraktiver gemacht werden. Ein Controllingkonzept hätte auf diese Ziele und relevante vorauseilende Indikatoren, wie Kundenakzeptanz und Kundenwahrnehmung, ausgerichtet werden müssen.

Kurz nach der Lancierung der neuen Produkte – respektive Verpackungslinie – im Handel kam es zu teilweise heftigen Reaktionen sowohl des Handels wie von Endkundinnen und -kunden. Die neue Verpackung wurde als wenig praktisch eingestuft. Gleichzeitig wehrte sich ein wichtiger Discounter gegen die höheren Preise. Der Streit ging so weit, dass Zahlungen vom Discounter an den Schokoladenhersteller nur noch auf Sperrkonten geleistet wurden und umgekehrt der Discounter nicht mehr beliefert wurde. Der Konflikt wurde sogar mit Inseraten in den Medien ausgetragen. So schaltete der Discounter ganzseitige Inserate in den wichtigsten Zeitungen mit der sinngemäßen Aussage «*andere verkaufen Verpackungen, wir verkaufen Schokolade*».

Während dieser ganzen Debatte bestätigte der Schokoladenhersteller in den Medien immer wieder, dass die Abverkäufe ab der Fabrik entgegen den teilweise gegensätzlichen Behauptungen nicht zurückgingen, sondern sogar zunahmen. Erst nach langer Zeit und kommerziellen Schäden in Millionenhöhe, wobei die Imageschäden noch nicht einmal eingerechnet waren, wurde die neue Verpackungslinie aufgegeben und die alten Verpackungen wieder eingeführt.

Während dieser ganzen Ereignisse hätte sinnvollerweise ein Controlling-Konzept laufend Informationen für Steuerung und Anpassung der Verpackungseinführung liefern können.

Bei der Einführung neuer Produkte ergibt sich häufig ein sogenannter «*Pipeline-Effekt*». Der Handel kauft große Menge dieser Produkte ein, weil er die alten nicht mehr weiterverkaufen kann und die Lager erneuern muss. Der Abverkauf gegenüber den Kundinnen und Kunden kann jedoch stocken. Beobachtet der Hersteller nicht die Abverkäufe, so unterliegt er einer Täuschung in Bezug auf das tatsächliche Verkaufsvolumen. Später muss er je nach Vertrag die unverkauften Produkte zurücknehmen oder kann über lange Zeit keine neuen mehr an den Handel verkaufen.

Nach den ersten Kritiken aus dem Detailhandel hätten nicht mehr die Abverkäufe ab der Fabrik beobachtet werden müssen, sondern der Fokus hätte auf die Abverkäufe gegenüber den Endkunden und den Verbrauch bei den Endkunden gelegt werden sollen. Dies kann beispielsweise auf der Basis eines Konsumenten- oder *Haushaltspanels* geschehen, d.h. auf Basis von Beobachtungen definierte Gruppen von Konsumentinnen und Konsumenten, die längerfristig in ihrem Verhalten analysiert werden. Ebenfalls hätte man nach den ersten kritischen Berichten in den Medien die Einschätzung der Kundinnen und Kunden zur neuen Verpackung mit Umfragen erheben können. Damit hätten die kaufentscheidenden Haltungen, die Präferenzstrukturen der Kundinnen und Kunden quasi als Frühwarnindikatoren beobachtet werden können.

Generell zeigt dieses Beispiel, dass Controllingsysteme laufend an die Entwicklung respektive die Ereignisströme angepasst werden müssen und dass Indikatoren, die näher beim tatsächlichen Kundenverhalten liegen, einen höheren «Frühwarn»-Wert haben (vgl. auch Abb. 86).

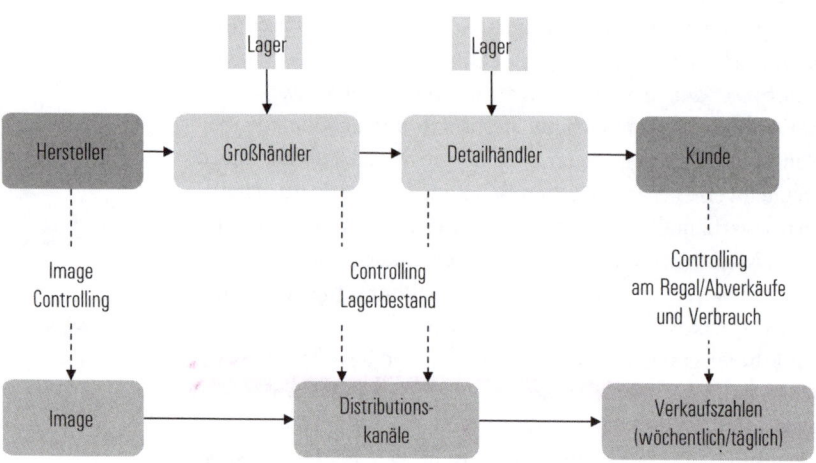

Abb. 86: Mögliche Kennzahlen zur Erfolgsmessung des Marketings bei einem Relaunch

6.2.2 Eigenschaften des Marketing-Controllings

Marketing-Controlling ist nicht immer konfliktfrei. Dies liegt nicht zuletzt an grundsätzlich unterschiedlichen Rationalitäten im Marketing- und Controllingbereich. *Rationalität* ist in diesem Kontext «eine spezifische Form zu denken, zu sprechen und zu handeln, die in sich einen logischen Sinn ergibt. Sie wirkt als Filter für die Wahrnehmung der Umwelt und liefert Muster für die Konstruktion einer eigenen Realität.» (Schedler & Gross, 2011, 7; zum Rationalitätskonzept siehe Schedler, 2012, 362ff; Schedler & Gross, 2011). Marketing versteht sich als kreativ. Erfolgsentscheidend sind rasche und unkomplizierte Markt-reaktion und innovative, oft unkonventionelle Lösungen. Controlling dagegen ist präzise, oft quantitativ und geht davon aus, dass Erfolg von systematischer Arbeitsweise her kommt (vgl. zu diesem Konflikt auch Reinecke & Janz, 2007, 38).

Wesentliche Merkmale des Marketing-Controllings sind (Seiden-schwarz & Gleich, 2001, 615ff):

–   dass es Marketingentscheide durch Bereitstellung relevanter Kennzahlen unterstützt
–   dass es sowohl monetäre wie nicht monetäre Ziele umfasst
–   dass es sich in einen durchgängigen Prozess einordnet, der bis zu einem Marketinginformationssystem reicht,
–   dass es Marktforschung einschließt, gerade auch weil das Kun-denverhalten der wichtigste Frühwarnanzeiger ist.

Marketingziele müssen in Ziel- und Wirkungshierarchien strukturiert werden. Wie oben dargestellt, gibt es typischerweise *Gesamtmarke-tingziele*, die sich direkt aus Unternehmenszielen ableiten, *strategische Ziele*, die in Beziehung stehen zu strategischen Erfolgspotentialen wie beispielsweise Marktanteile, Reputation, *Instrumentalziele*, die sich auf die Wirkung einzelner Instrumente beziehen und auch *taktische Ziele*, beispielsweise Ziele, die bei den einzelnen Aktionen erreicht werden sollen. Ergänzt werden solche Systeme oft durch vorauseilende *Wir-kungsindikatoren* z.B. durch Wahrnehmungen von Kunden oder andere «Behavioral Outcomes» (vgl. Kapitel 2). Abb. 87 zeigt ein Beispiel für eine solche Zielhierarchie.

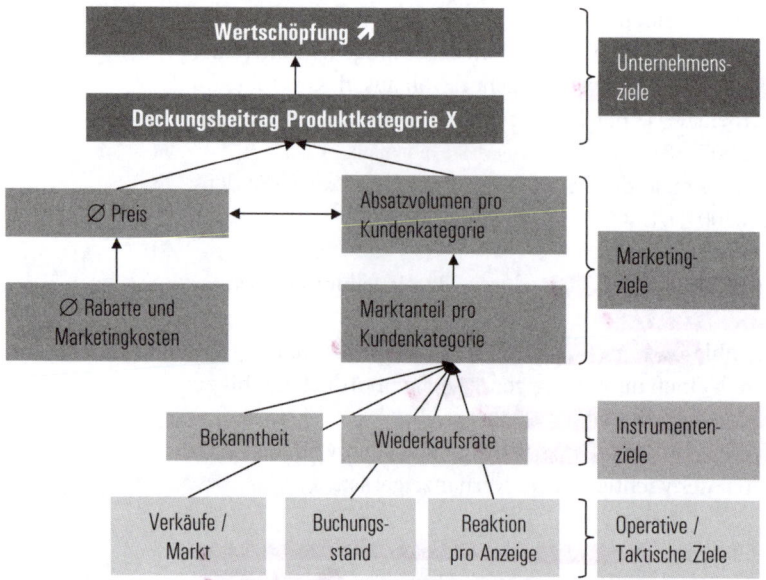

Abb. 87: Zielhierarchie und Controlling

6.2.3 Deckungsbeitragsrechnung

Eine wichtige Marketingkennzahl sind die *Deckungsbeiträge* (Reinecke & Reibstein, 2001, 154). Bei der Deckungsbeitragsrechnung werden jeweils die direkt zurechenbaren Kosten je Bezugsgröße (Sortimentsgruppe, strategisches Geschäftsfeld, Kundengruppe, Marktsegment) von den Erlösen abgezogen.

Deckungsbeitragsrechnungen unterscheiden zwischen «beschäftigungsabhängigen», variablen (beispielsweise bei einem Flug pro Passagier zusätzlich notwendiger Treibstoff, Verpflegung und Handlinggebühren der Flughäfen) und unabhängigen, fixen Kosten (beispielsweise bei einem Flug die Grundkosten für den Einsatz des Flugzeuges). Bei einer Tafel Schokolade handelt es sich dabei um die fixen Kosten für Maschine und Grundbetrieb einer Fabrik.

Die Deckungsbeitragsrechnung gibt so im Wesentlichen an, welchen Beitrag ein Produkt, eine Produktgruppe, ein Kunde oder eine Kundengruppe zur Deckung der im Unternehmen anfallenden Fixkosten leistet. Entsprechend gibt es je nach Zwecksetzung und Leistungsart unterschiedlich gestaltete, mehrstufige Deckungsbeitragsrechnungen (vgl. Reinecke & Janz, 2007, 84ff).

Netto-Umsatz

- variable Herstellungskosten (z.B. Materialeinsatz)
= **Deckungsbeitrag I (DB I)**
- bedingt variable Kosten (z.B. Fertigungslöhne, Transportkosten für Vertrieb)
= **Deckungsbeitrag II (DB II)**
- bereichsfixe Kosten (z.B. bereichsübergreifende Marketingkampagne, Ausgaben für Marktforschung)
= **Deckungsbeitrag III (DB III)**
- Unternehmensbezogene Fixkosten (z.B. Verwaltungskosten für Marketing und Vertrieb)
= Netto-Erfolg

Abb. 88: Produktspezifische mehrstufige Deckungsbeitragsrechnung
(Quelle: in Anlehnung an Reinecke & Janz, 2007, 81–84)

Das Grundschema für eine Deckungsbeitragsrechnung findet sich in Abb. 88.

Die Daten aus Marketing-Controlling werden heute häufig in sogenannten *Marketing-Management-Cockpits* IT-technisch aufbereitet und den Entscheidungsträgern direkt auf das Desktop geliefert. Abb. 89 zeigt das Beispiel von SWISS INTERNATIONAL AIR LINES als System in seiner Grundstruktur.

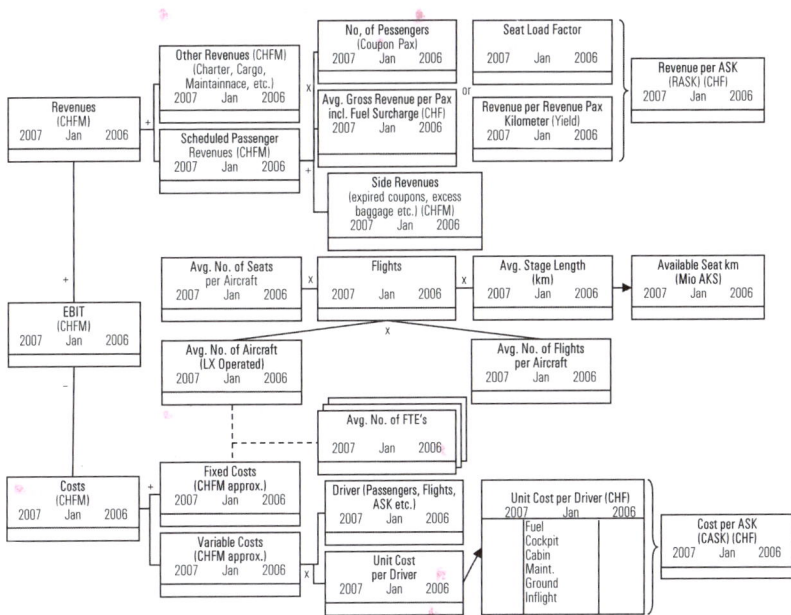

Abb. 89: Controllingschema der SWISS INTERNATIONAL AIR LINES

6.3   Innovation

Für Unternehmen und Volkswirtschaften, die untereinander auf Märkten in einem dynamischen Wettbewerb stehen, gelten Innovationen als wesentlichste Erfolgsfaktoren. Häufig wird von der Öffentlichkeit und von der Politik bei Ländern, Branchen oder Unternehmen in ökonomischen Problemsituationen eine erhöhte Innovationstätigkeit gefordert.

Dabei wird dieser Begriff oft überstrapaziert,

- indem selbst kleinere Anpassungen als Innovationen bezeichnet werden, obwohl Innovationen grundsätzliche Neuartigkeiten im Sinne eines eigentlichen Wandels eines Produktes, eines Marktes oder einer Industrie betreffen,
- indem Neuerungen, die noch gar nicht am Markt zu Mehrerträgen geführt haben, respektive gar nicht umgesetzt worden sind, als Innovationen bezeichnet werden. Dabei setzen Innovationen eine marktmäßige «Realisation» voraus (Schumpeter, 1912, 174),
- indem eine Innovation als einmaliger Vorgang bezeichnet wird. Dabei folgt auf die Innovation eine *Imitation,* die dann wieder zu *Invention* und neuen Innovationen führt, was einem durchgängigen Prozess entspricht (Schumpeter, 1912, 471).

6.3.1   Aufgaben, Rollen und Instrumente von Innovationen

Der Begriff *Innovation* geht zurück auf Schumpeter (1934) und kann definiert werden als marktmäßige Realisation von Neuerungen (Bieger, 2008, 103; Samuelson & Nordhaus, 1989, 975). Dabei handelt es sich entsprechend um Produktionsfaktoren, die in neuartiger Weise durch Entrepeneure und Organisationen kombiniert und am Markt umgesetzt werden. Die neuen Kombinationen sollen im Markt zu höheren Erträgen in Form von Monopolgewinnen führen. Diese wiederum ziehen Imitationen an.

Schumpeter unterscheidet fünf *Innovationstypen* (Schumpeter, 1928, 483):

- Produktinnovation
- Prozessinnovation
- Erschließung neuer Märkte (Marktinnovation)

–   Erschließung neuer Produktionsfaktoren
–   neue Formen der Organisation

Entsprechend zeichnen sich Innovationen aus als Neuartigkeit, die am Markt durchgesetzt ist und dort auch zu höheren Erträgen führt. Dabei setzt diese Neuartigkeit einen Innovations-, Imitations- und Inventionsprozess in Gang. Schumpeter sieht diesen Prozess als eigentlichen *Wachstumsmotor* in einer dynamischen Wirtschaftsentwicklung (vgl. zu Innovationen in der Makroökonomik auch Welfens, 2011). Erfindungen führen, wenn sie von Unternehmen in Marktlösungen umgesetzt werden, zu Innovationen. Diese ziehen über die höheren Erträge Imitatoren an. Über diese Imitatoren verbreitet sich die Innovation durch die Wirtschaft, was schlussendlich einen Wachstumseffekt auslöst. Die Sicherstellung einer ausreichenden Innovationstätigkeit ist damit nicht nur das Ziel auf der Ebene eines einzelnen Produktmanagers, eines Sortimentsbereichs, eines strategischen Geschäftsfeldes oder einer Unternehmung, sondern auch von ganzen Volkswirtschaften auf nationaler bzw. regionaler Ebene. Regionale Wirtschaftsförderung oder auch nationale Branchenförderung ist häufig auf die Förderung der Innovationstätigkeit ausgerichtet (vgl. auch für den Tourismus Bieger, Beritelli, Weinert & Zumbusch, 2012, 21ff).

Wichtige *Instrumente der Innovationsförderung* sind:

–   Ausbildung
–   Forschungstätigkeit
–   ausreichende unternehmerische Freiheiten, so dass die Umsetzung von Innovationen möglich ist. Ein Beispiel dafür bietet der Telekombereich. Die heutige Innovationstätigkeit wäre unter dem ehemals staatlichen Monopol kaum möglich gewesen
–   Sicherstellung einer ausreichenden Innovationsrendite durch Steuerpolitik (kleinere Besteuerung von Summationsgewinnen), Patentschutz (Schutz von Innovationsgewinnen) oder finanzielle Förderung von Entwicklungen (Reduktion der Innovationskosten; vgl. Abb. 90)

Abb. 90: Investitionsrendite im Spannungsfeld zwischen Innovationspush und -pull
(Quelle: in Anlehnung an Beritelli et al., 2005, 321)

6.3.2   Innovationsrendite

Die wahrgenommene *Innovationsrendite* ist die vor der Entscheidung von Investitionen in Innovationen wahrgenommene Rendite im Sinne eines Überschusses der Kosten der Innovation zu den zukünftig erwarteten Erträgen. Typischerweise sind Innovationskosten für kleinere Unternehmen geringer, weil sie rascher reaktionsfähig sind und die Umstellungskosten dadurch kleiner sein können. Umgekehrt ist auf Grund der für ein Unternehmen erreichbaren Marktgröße der Innovationsgewinn beschränkt. Ein kleines Hotel kann beispielsweise rasch ein innovatives Check-in-Verfahren umsetzen. Die Mehrerträge aus diesem Verfahren sind jedoch beschränkt, weil es in diesem kleinen Hotel nur auf eine kleine Zahl von Kundinnen und Kunden angewendet werden kann. Würde die gleiche Entwicklung von einer Hotelkette unternommen, so wäre die Reichweite der Innovation und damit ihre Rendite wesentlich größer.

Das Resultat ist in der Praxis häufig erkennbar: Innovationen mit hohen Innovationskosten, beispielsweise auf Grund des erforderlichen Investitionsbedarfs in die Informatik, werden typischerweise eher von Großunternehmen unternommen. Kleine Unternehmen, die wie Biotech-Unternehmen große Innovationskosten auf sich nehmen, werden später zur Sicherstellung einer ausreichenden Reichweite der Innovation oft von großen Unternehmen aufgekauft, die die Innovation in einem viel größeren Markt gewinnbringend umsetzen.

Wichtige Faktoren, die die *Innovationsfähigkeit eines Unternehmens* bestimmen, sind (vgl. Dubs, Euler, Rüegg-Stürm & Wyss, 2004,109; Leonard-Barton, 1995, 135ff):

–   Kernkompetenzen als interne Ressourcen, die das Fähigkeitspotential eines Unternehmens bestimmen
–   angepasste Management-Systeme: Ein Management-System, das auf Grund eines zu engen Controllings keine Variation zulässt, dürfte die Innovationsfähigkeit eher behindern, umgekehrt aber für eine effiziente Produktion von Standardprodukten notwendig sein
–   geeignete Teamstrukturen, die Learning-Communities sicherstellen (vgl. auch Brenner et al., 2012, 58ff; Bruch & Wunderer, 2000, 122ff; Hermanns & Sauter, 1999, 23; Winkler, Reinmann-Rothmeier & Mandl, 2000)
–   geeignete Kulturen, die z.B. Menschen mit einer Neugier, neuen Denkweise kennenlernen, um gemeinsam kollektive Denk- und

Verhaltensmuster zu entwickeln, anzuziehen und zu belohnen (vgl. auch Hofstede, 1980, 323; Ruigrok, 2009, 495).

Auf *volkswirtschaftlicher Ebene* hängt die Innovationsrendite im Wesentlichen von einer geschickten Balance zwischen Schützbarkeit einer Innovation (und damit Monopolisierbarkeit der Rendite) und gleichzeitiger Sicherstellung der Imitierbarkeit durch andere Unternehmen ab. Dieses Verhältnis zwischen Schützbarkeit und Öffentlichkeit von Innovation wird im Wesentlichen durch die Patentsysteme bestimmt (vgl. Gassmann & Bader, 2006, 8).

Auf Grund der hohen Innovationsintensität und der raschen Verbreitung von Innovationen insbesondere durch neue Medien steht das Patentsystem weltweit vor großen Herausforderungen. So weist beispielsweise die INTERNATIONAL HEROLD TRIBUNE vom 27. August 2012 darauf hin, dass alleine für Smartphones 250 000 Patente relevant sind. Diese Patente können als «Lizenz für Klagen» gegenüber Konkurrenten genutzt werden, weil sich in jedem Smartphone eine Vielzahl von solch geschützten Innovationen finden. Dies führt zu einer großen Rechtsunsicherheit und einem Rechtsaufwand, der die Innovationstätigkeit wieder behindern kann.

6.3.3 Innovation im Modell

Innovationstätigkeit in einer Organisation kann am einfachsten mit dem *Modell des Innovationsprozesses* beschrieben, respektive entlang desselben «gemanaged» werden (vgl. auch Abb. 91).

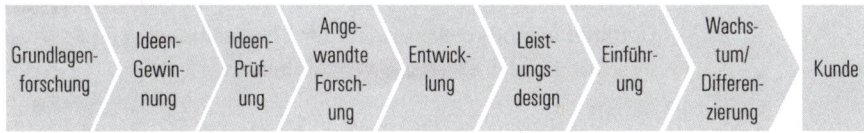

Abb. 91: Der Innovationsprozess

Hier sind auch viele der oben beschriebenen Erfolgsfaktoren einordenbar. So wird die Grundlagenforschung häufig durch den Staat unterstützt, der Staat kann damit auch die Innovationstätigkeit zu Beginn des Innovationsprozesses fördern. Ideengewinnung und Ideenprüfung erfolgt entlang der Kernkompetenzen eines Unternehmens. Ein Unternehmen wird vor allem die Ideen aufgreifen, die in das bisherige Portfolio von Kernkompetenzen passen. So hat beispielsweise WANDER die neuen Erkenntnisse aus der Grundlagenforschung der Sportmedizin für die Entwicklung neuer Sport- und Aufbauernährung früh genutzt.

Ideen müssen mit angewandter Forschung und Entwicklung sowie Leistungsdesign zu konkreten Produkten entwickelt werden, die dann eingeführt und mit zunehmender Reife im Produktlebenszyklus differenziert werden.

Viele Unternehmen beurteilen regelmäßig ihr «Innovationsportfolio» nach der Anzahl an Projekten auf den verschiedenen Stufen im Innovationsprozess. Dies ist insbesondere auch wichtig für besonders innovationsabhängige Branchen wie beispielsweise die Pharmaindustrie, wo von einer Forschungs- respektive Produktpipeline gesprochen wird. Hat ein Unternehmen viele Produkte in der Reifephase, die einem zunehmenden Kostenwettbewerb unterliegen, gleichzeitig aber viele Produkte noch in der frühen Entwicklungsphase, die hohe Investitionen erfordern, so kann es in Finanzierungs- und Liquiditätsengpässe geraten.

Die *Innovationskosten* können entlang des Innovationszyklus beurteilt werden. Dabei ist der Verlauf der Kosten je nach Produktart unterschiedlich (vgl. Abb. 92). So fallen typischerweise bei Dienstleistungen relativ wenig Forschungs- und Ideenprüfungskosten an. Ein neues Erlebnisprodukt wie ZORBING (in einem geschlossenen Ball einen Hügel herunterrollen) kann rasch von einzelnen Unternehmen mit wenig Kosten entwickelt werden. Die hohen Kosten entstehen jedoch in der Markteinführung (Vorbereitung des entsprechenden Hanges, Sicherstellung der notwendigen Versicherungslösungen) und bei der Marktdurchsetzung (Kundenakquisition, Verankern des neuen Produkts bei den Kundinnen und Kunden, Aufbau eines für Dienstleistungsprodukte notwendigen Vertrauens). Umgekehrt fallen bei forschungsintensiven Produkten wie beispielsweise in der Pharmaindustrie viele Kosten bereits schon bei der Grundlagenforschung an.

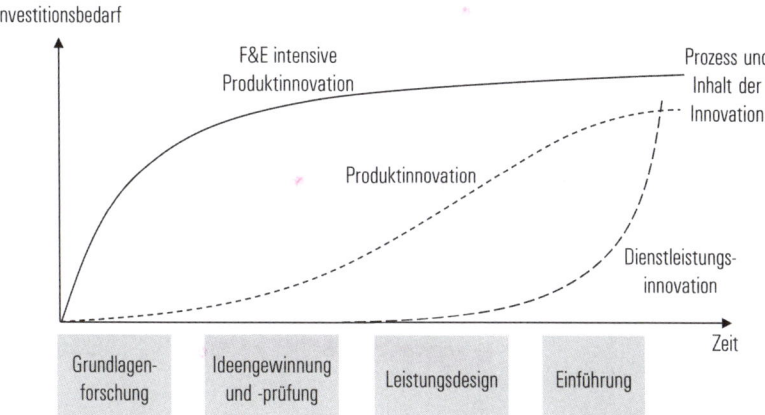

Abb. 92: Innovationsbedarf nach Branche und Güter
(Füglistaller, 2001, 287)

6.3.4 Stoßrichtungen von Innovationen

Innovationen können von beiden Seiten des Innovationsprozesses, von der Kundenseite durch neue Bedürfnisse oder von der Anbieterseite, beispielsweise durch neue Erkenntnisse aus der Forschung und Entwicklung, getrieben werden. Ein Beispiel für die *Push-Innovation* ist die Erfindung des mobilen Internets. Eine neu verfügbare Technologie wurde von innovativen Unternehmen wie APPLE mit dem iPhone über ein innovatives Produktedesign den Kundinnen und Kunden offeriert (quasi in den Markt und zu den Verbrauchern «gedrückt»). Ein Beispiel für eine *Pull-Innovation* dürften die Puls- und Trainingsuhren von POLAR sein. Die Technologie der Herzfrequenzmessung im Training war schon lange für Herzpatienten verfügbar. Auf Grund des Trends zu mehr Fitness, zum Laufsport und insbesondere des Booms im Marathonsport ergab sich ein Bedürfnis nach zielorientierterem Training und der Bedarf an entsprechenden tragbaren und komfortablen Trainingshilfsgeräten wie Pulsuhren.

Für die *strategische* (d.h. auf die Schaffung von langfristigen Erfolgspotentialen ausgerichtete) *Analyse* im Rahmen der Innovationstätigkeit ist deshalb einerseits die Beobachtung von Kundenbedürfnissen und die Ableitung von zukünftigen Bedürfnissen notwendig. Die in Kapitel 2.3.2 beschriebenen Methoden der Trendanalyse bieten dafür geeignete methodische Vorgehensweisen. Im Rahmen der Push-Innovation empfiehlt sich andererseits eine fortlaufende Analyse der *technischen Ent-*

wicklungen. Beratungsorganisationen wie beispielsweise die GARTNER-GROUP beobachten die Entwicklung verschiedener Technologien und bieten mit ihren Reports interessante Einblicke in die Diffusion von Technologien.

Wichtige Technologien in der Phase der Produktivität sind heute Spracherkennungssysteme. In der Phase der Desillusionierung sind nach einem anfänglichen Hype virtuelle Welten wie beispielsweise SECOND LIFE. In der Boomphase sind elektronische Zahlungssysteme. Systeme wie beispielsweise dreidimensionale Personenerkennungssysteme befinden sich dagegen noch in der technologischen Startphase.

Als *wesentliche Technologiefelder* der Zukunft können heute angesehen werden:

- Informations- und Kommunikationstechnologie, vor allem deren mobile Applikationen
- Materialtechnologie, insbesondere auch die Nanotechnologie, die immer leichtere und funktionellere Materialausstattung von Geräten und Textilien ermöglicht
- Mikrotechnologisierung, die Motoren oder optische Systeme in immer kleineren Formaten bietet
- Life Science, die unter anderem völlig neue Wirkungsstoffe im Bereich der Medikamentation oder funktionellen Ernährung und medizinische Behandlungsmethoden bietet (vgl. u. a. Braun, 2012, 25ff).

Wie bereits aus der Definition von Innovation hervorgeht, betreffen Innovationen nicht nur Produkte, sondern auch Produktionsprozesse, Märkte, und insbesondere wenn alle drei Innovationsperspektiven betroffen sind, Innovation von Geschäftsmodellen (vgl. auch Abb. 93).

Eine typische *Produktinnovation* wäre die Entwicklung des hybriden Automobils. Eine *Prozessinnovation* ist der Wandel von der handwerklichen Produktion von Autos zur Fließbandproduktion, welche durch FORD in den 1920er-Jahren in den USA getrieben wurde. Eine typische *Marktinnovation* ist die Entwicklung neuer Märkte für ein bestimmtes Produkt oder eine Branche, wie beispielsweise die Erschließung asiatischer Märkte für Schweizer Bergziele durch die JUNGFRAUBAHN oder die TITLISBAHN in den 1970er- und 1980er-Jahren.

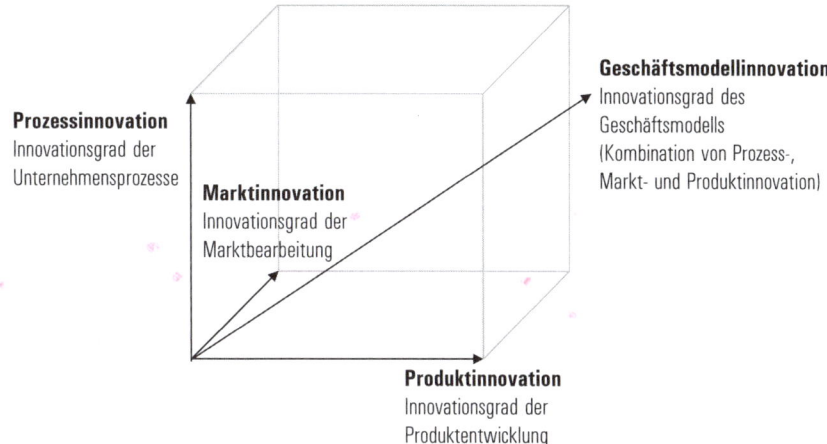

Prozessinnovation
Innovationsgrad der
Unternehmensprozesse

Marktinnovation
Innovationsgrad der
Marktbearbeitung

Geschäftsmodellinnovation
Innovationsgrad des
Geschäftsmodells
(Kombination von Prozess-,
Markt- und Produktinnovation)

Produktinnovation
Innovationsgrad der
Produktentwicklung

Abb. 93: Der Innovationswürfel zur Einordnung strategischer Stoßrichtungen

Eine Geschäftsmodellinnovation bezieht sich auf den Wandel eines gesamten Geschäftsmodells im Sinne eines Grundkonzepts wie bei einer Unternehmung oder in einer Branche, in der Wertschöpfung erzielt wird (Bieger et al., 2011, 80ff). Ein Beispiel dafür ist die Entwicklung von Low-Cost-Fluggesellschaften, die nicht mehr ein ganzes Flugnetz, sondern lediglich Punkt-zu-Punkt-Verbindungen anbieten. Dabei wird nicht mehr über möglichst individuelle Abschöpfung von Kaufbereitschaft, sondern über eine große Menge von transportierten Passagieren zu einem günstigen Preis mit vereinfachten Leistungsprozessen Gewinn erzielt. Dadurch werden neue Märkte, beispielsweise bisherige Nichtflieger oder Partybesucher auf Städtereisen, mit einem neuen Produkt (d. h. auf ein Minimum von Dienstleistungen reduzierter Flugservice) angesprochen (vgl. Bieger & Wittmer, 2011, 148ff). Es zeigt sich, dass viele Branchen durch Kombination einer Serie von Produktinnovationen mit Leistungsprozess- oder Marktinnovationen ihre Geschäftsmodelle grundsätzlich anpassen müssen. Beispiele finden sich bei der Telekommunikation oder der Post. Der Ertrag des traditionellen Nachrichtentransports erodiert. Die Anbieter müssen durch neue Produkte, insbesondere Dienstleistungen, in neue Märkte vordringen, um neue Ertragspfeiler aufzubauen. Beispielsweise bieten integrierte Dokumentendienstleistungen diesbezüglich neue Möglichkeiten.

Ein Wandel der Geschäftsmodelle führt dazu, dass Unternehmen grundsätzlich in Frage gestellt werden. So hat beispielsweise die Innovation im Bereich der elektronischen Medien dazu geführt, dass Fotos immer mehr mit Mobiltelefonen elektronisch erstellt werden. Die Wert-

schöpfung fällt damit bei den Unternehmen an, die Mobiltelefone produzieren oder bei denjenigen, die Dienstleistungen wie beispielsweise
das Ausdrucken von elektronischen Fotos in Fotoalben anbieten. Die
traditionell starken Elemente der Wertschöpfungskette im Bereich von
Fotos, wie die Herstellung von Film- und Fotopapier, sind, wie das Beispiel KODAK zeigt, dagegen weitgehend vom Markt verschwunden.

Geschäftsmodellwandel führt deshalb häufig dazu, dass die Zwecksetzung von Unternehmen, deren Zielsetzung die gesamte Unternehmenspolitik und die Unternehmensstrategie selbst hinterfragt, neu gestaltet werden muss, womit sich der Kreis von den Geschäftsprozessen
und dem Marketing zu den Management-Prozessen wieder schließt
(vgl. Abb. 94).

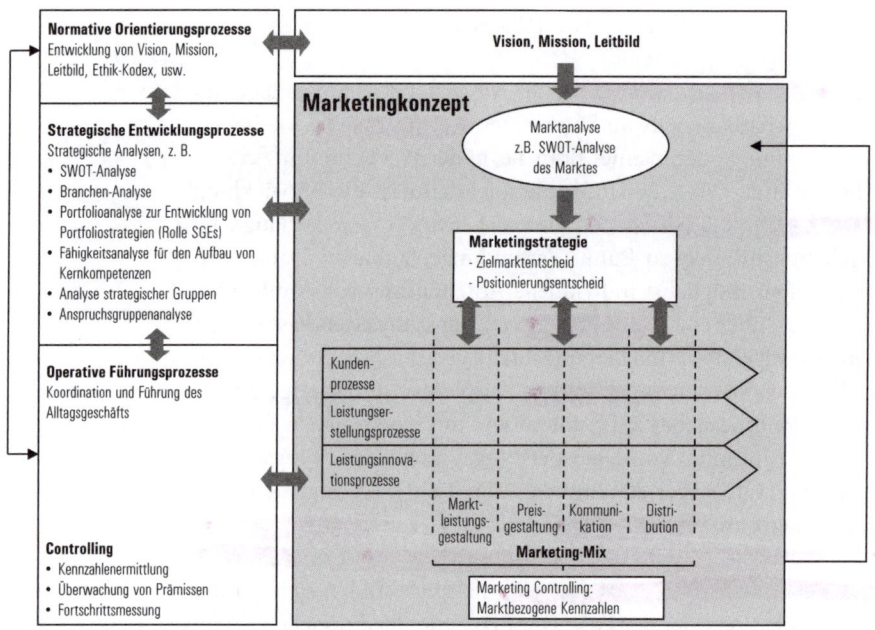

Abb. 94: Marketingkonzept
(Bieger et al., 2009, 116)

Literaturverzeichnis

Aaker, D. A. (1992). *Management des Markenwerts / Managing Brand Equity: Capitalizing on the Value of a Brand Name* (F. Mader, Trans.). Frankfurt / New York: Campus.

Ajzen, I. (1991). The Theory of Planned Behavior. *Organizational Behavior and Human Decision Processes, 50.*

Algesheimer, R., Herrmann, A., & Dimpfel, M. (2006). Die Wirkung von Brand Communities auf die Markenloyalität – eine dynamische Analyse im Automobilmarkt. *Zeitung für Betriebswirtschaft, 76*(9), 933–958.

Arndt, J. (1968). Selective Processes in Word of Mouth. *Journal of Advertising, 8*(3).

Assael, H. I. (1987). *Consumer Behavior and Marketing Action* (3 ed.). Boston: South Western.

Bachmann, J. (2000). *Der Information-Broker: Informationen suchen, sichten, präsentieren.* München / Boston: Addison-Wesley.

Bagozzi, R., Dholakia, U. M., & Basuroy, S. (2003). How effortful decisions get enacted: the motivating role of decision processes, desires, and anticipated emotions. *Journal of Behavioral Decision Making, 16*(4), 273–295.

Bartak, R., Little, J., Manzano, O., & Sheahan, C. (2010). From enterprise models to scheduling models: bridging the gap. *Journal of Intelligent Manufacturing, 21*(1), 121–132.

Becker, J. (2013). *Marketing-Konzeption : Grundlagen des ziel-strategischen und operativen Marketing-Managements* (10 ed.). München: Vahlen.

Belz, C. (1999). *Verkaufskompetenz* (2 ed.). St. Gallen: Thexis.

Belz, C. (2002). *Marketing Update 2005 Akzente im innovativen Marketing.* St. Gallen Thexis Verlag.

Belz, C., & Bieger, T. (2000). Dienstleistungskompetenz und innovative Geschäftsmodelle. *St. Gallen: Thexis.*

Berekoven, L. (1995). *Erfolgreiches Einzelhandelsmarketing: Grundlagen und Entscheidungshilfen* (2 ed.). München: Beck.

Berger, R., & Steger, U. (1998). *Auf dem Weg zur europäischen Unternehmensführung : ein Lesebuch für Manager und Europäer* München: Beck.

Beritelli, P., Bieger, T., & Weinert, R. (2005). Kundenwert durch neue Preissysteme im Tourismus – Ein neues Feld für Dienstleistungsinnovation *Festschrift für Prof. K Weiermair*. Wiesbaden: Deutscher Universitäts Verlag.

Bernet, B. (2000). Technologie an der Schwelle zum 21. Jahrhundert: Von Prozess – zur Systemtransformation. In C. Belz & T. Bieger (Eds.), *Dienstleistungskompetenz und innovative Geschäftsmodelle* (pp. 36–51). St. Gallen: Thexis.

Bieger, T. (1996). *Management von Destinationen und Tourismusorganisationen*. München: Oldenbourg.

Bieger, T. (1997). *Management von Destinationen und Tourismusorganisationen* (3 ed.). München / Wien: Oldenbourg.

Bieger, T. (2007). *Dienstleistungsmanagement – Einführung in Strategien und Prozesse bei Dienstleistungen mit Fallstudien verschiedener Praktiker* (4 ed.). Bern: Haupt.

Bieger, T. (2008). *Management von Destinationen*. München / Wien: Oldenbourg.

Bieger, T. (2009). Märkte und Markttrends. In R. Dubs, D. Euler, J. Rüegg-Stürm & C. E. Wyss (Hrsg.), *Einführung in die Managementlehre* (pp. 43–59). Bern: Haupt.

Bieger, T. (2010). *Tourismuslehre- Ein Grundriss* (3 ed.). Bern / Stuttgart / Wien: Haupt.

Bieger, T. (2013). *Marketing – zwischen dem Advokaten des Kunden und dem Marketing Engineer*.

Bieger, T., & Belz, C. (2004). *Customer Value – Kundenvorteile schaffen Unternehmensvorteile*. St. Gallen.

Bieger, T., & Beritelli, P. (2013). *Management von Destinationen* (8 ed.). München: Oldenbourg.

Bieger, T., Beritelli, P., Weinert, R. & Zumbusch, K. (2012). Touristische Innovationsförderung durch den Staat : Eine kritische Betrachtung mit Empfehlungen. *Zeitschrift für Tourismuswissenschaft* 4(1), 21–37.

Bieger, T., Knyphausen-Aufsess, D. z., & Krys, C. (2011). *Innovative Geschäftsmodelle*. Berlin/Heidelberg: Springer.

Bieger, T., & Laesser, C. (2000). Persönliche Interaktion als Erfolgsfaktor – Wie kann der Wert der persönlichen Interaktion gesteigert werden? In C. Belz & T. Bieger (Hrsg.), *Dienstleistungskompetenz und innovative Geschäftsmodelle* (pp. 214–235). St. Gallen: Thexis.

Bieger, T., & Laesser, C. (2002). Market Segmentation by Motivation: The Case of Switzerland. *Journal of Travel Research, 41*(1), 68–76.

Bieger, T., & Laesser, C. (2005). Travel Market Switzerland 2004 – Basic Report and Database Specification. St. Gallen: Institute for Public Services and Tourism at the University of St. Gallen.

Bieger, T., & Lorz, M. (2012). Kundenbeziehungen zwischen Private und Public Value. In R. Stadler, W. Brenner & A. Herrmann (Eds.), *Erfolg im digitalen Zeitalter – Strategien von 17 Spitzenmanagern.* Franfurt a. M.: Frankfurter Allgemeine Buch.

Bieger, T., Reinecke, S., & Tomczak, T. (2009). Marktorientierte Gestaltung und Führung der Geschäftsprozesse – Marketingkonzept. In R. Dubs, D. Euler, J. Rüegg-Stürm & C. E. Wyss (Eds.), *Einführung in die Managementlehre* (pp. 119–122). Bern: Haupt.

Bieger, T., & Schallhart, M. (1996/97). Dienstleistungsqualität – Konzept, Messung, Maßnahmen am Beispiel der Oberengadiner Bergbahnen. In C. Kaspar (Ed.), *Jahrbuch der Schweizerischen Tourismuswirtschaft* (pp. 41–72): ITV-HSG, St. Gallen.

Bieger, T., Scherer, R., Bischof, L., & Laesser, C. (2003). Die wirtschaftliche Bedeutung des Annual Meeting des World Economic Forum. In T. Bieger & C. Laesser (Eds.), *Jahrbuch der Schweizerischen Tourismuswirtschaft 2002/2003* (pp. 161–186).

Bieger, T., & Wittmer, A. (2011). From the Aviation Value Chain to the Aviation System. In T. Bieger, R. Müller & A. Wittmer (Eds.), *Aviation Systems* (pp. 61–76). Berlin/Heidelberg: Springer.

Bieger, T., Wittmer, A., & Boksberger, P. E. (2005). *Stated and Revealed Preferences in B2B Markets – The case of Hotel Marketing Services.* New Orleans.

Bleicher, K. (1991). *Das Konzept Integriertes Management.* Frankfurt a.M./New York: Campus Verlag.

Bleicher, K. (1994). *Normatives Management: Politik, Verfassung und Philosophie des Unternehmens.* Frankfurt/New York: Campus.

Bleicher, K. (2004). *Das Konzept des integrierten Managements: Visionen – Missionen – Programme* (7 ed.). Frankfurt/New York: Campus.

Bonderer, S.-B. (2000). *Aspekte der Trendforschung und des Trendmanagements unter besonderer Berücksichtigung der Trendsportarten.* Diplomarbeit der HSG, Universität St. Gallen.

Braun, A. (2012). *Open Innovation in Life Science: Konzepte und Methoden offener Innovationsprozesse im Pharma-Mittelstand.* Wiesbaden: Gabler Verlag.

Brenner, W., Uebernickel, F., & Torrente, M. (2012). Business Innovation: Design-Thinking als Instrument zur nachhaltigen Förderung von Innovationen. *Kommunikationsmanager, 4*(3), 58–60.

Bruch, H., & Wunderer, R. (2000). *Umsetzungskompetenz: Diagnose und Förderung in Theorie und Praxis.* München: Vahlen.

Bruhn, M. (1997). *Qualitätsmanagement für Dienstleistungen, Grundlagen – Konzepte – Methoden.* Berlin/Heidelberg: Springer.

Bruhn, M. (2003). *Sponsoring. Systematische Planung und integrativer Einsatz* (4 ed.). Wiesbaden: Gabler.

Bruhn, M. (2009). *Integrierte Unternehmens- und Markenkommunikation: Strategische Planung und operative Umsetzung* (5 ed.). Stuttgart: Schäffer Pöschel.

Bruhn, M., & Steffenhagen, H. (1998). *Marktorientierte Unternehmensführung: Reflexionen, Denkanstöße, Perspektiven.* Wiesbaden: Gabler Verlag.

Brundtland-Bericht. (1987). Report of the World Comission on Environment and Development «*Our Common Future"* (Vol. General Assembly): United Nations.

Buck, A., Herrmann, C., & Lubkowitz, D. (1998). *Handbuch Trendmanagement: Innovation und Ästhetik als Grundlage unternehmerischer Erfolge.* Frankfurt am Main: FAZ-Verlag.

Churchill, G., & Surprenant, C. (1982). An Investigation into the Determinants of Customer Satisfaction. *Journal of Marketing Research, 19*(11), 491–504.

Coase, R. H. (1937). The Nature of the Firm. *Economica, 4*(16). 386-405.

Conner, K.R., & Prahalad, C.K. (1996). A resource-based theory of the firm: Knowledge versus opportunism. *Organization Science, 6*(5), 477-501.

Correia, A. (2002). How do Tourists Choose: A Conceptual Framework *Preleminary Communications 50*(1), 21–29.

Crew, M. A. (1975). *Theory of the Firm.* New York: Longman.

Dietrich, A., & Krüger, J. J. (2010). Long-run sectoral development: Time-series evidence for the German economy. *Structural Change and Economic Dynamics, 21*(2), 111–122.

Diller, H. (1995). Kundenbindung als Zielvorgabe im Beziehungs-Marketing *Arbeits-papier* (Vol. 40): Institut für Marketing, Universität Nürnberg-Erlangen.

Diller, H. (2000). *Preispolitik* (3 ed.). Stuttgart: Kohlhammer.

Diller, H. (2006). *Wertschöpfung durch intelligente Preispolitik.* St. Gallen: Thexis.

Dittrich, S. (2002). *Kundenbindung als Kernaufgabe im Marketing. Kundenpotentiale langfristig ausschöpfen* (2 ed.). St. Gallen: Thexis Verlag.

Doenges, D. (1982). *Soziale Autonomie, Konformität und Konterkonformität: ein Diskurs-Modell der Reaktion auf soziale Beeinflussung* Dissertation, University of Trier, Trier.

Domizlaff, H. (1992). *Die Gewinnung des öffentlichen Vertrauens* Hamburg: Hörzu Reprint.

Drucker, P. (1974). *Task responsibilities, practises.* New York: Harper & Row.

Dubs, R., Euler, D., Rüegg-Stürm, J., & Wyss, C. E. (2004). *Einführung in die Managementlehre.* Bern: Haupt.

Dubs, R., Euler, D., Rüegg-Stürm, J., & Wyss, C. E. (2009). *Einführung in die Managementlehre* (3 ed.). Bern: Haupt.

Ebbinghaus, H. (1885). *Über das Gedächtnis: Untersuchungen zur experimentellen Psychologie.* Leipzig: Duncker & Humblot.

Eberle, T. (1984). *Sinnkonstitution in Alltag und Wissenschaft: der Beitrag der Phänomenologie an die Methodologie der Sozialwissenschaften.* Bern. Haupt.

Ekardt, F. (2011). *Theorie der Nachhaltigkeit rechtliche, ethische und politische Zugänge – am Beispiel von Klimawandel, Ressourcenknappheit und Welthandel.* Universität Rostock.

Engelhard, W. H., Kleinaltenkamp, M., & Reckenfelderbäumer, M. (1993). Leistungsbündel als Absatzobjekte. *Zeitschrift für betriebswirtschaftliche Forschung,* 395–426.

Engelhardt, W. H., Kleinaltenkamp, M., & Reckenfelderbäumer, M. (1994). Leistungsbündel als Absatzobjekte. Ein Ansatz zur Überwindung der Dichotomie von Sach- und Dienstleistungen. In H. Corsten (Ed.), *Integratives Dienstleistungsmanagement.* Wiesbaden: Gabler.

Engelhardt, W. H., & Plinke, W. (1979). *Marketing: Elemente der Marketing-Entscheidung:* Fernuniversität Hagen.

Esch, F. (2010). *Strategie und Technik der Markenführung* (6 ed.). München: Vahlen.

Esch, F., Herrmann, A., & Sattler, H. (2011). *Marketing – Eine marktorientierte Einführung* (3 ed.). München: Vahlen.

Esch, F. J., & Levermann, T. (1995). Positionierung als Grundlage des strategischen Kundenmanagements. *Thexis, 3,* 8–16.

Espejo, H., Schuhmann, W., Schwaninger, M., & Bilello, U. (1996). *Organizational Transformation and Learning: A Cybernetik Approach to Management* Chichester: Wiley.

Fayol, H. (1929). *Allgemeine und industrielle Verwaltung*. München: Oldenbourg.

Feider, J. (1985). *Konsumentenreaktion auf Preise*. Göttingen: Vandenhoeck & Ruprecht.

Festinger, L., Irle, M., & Möntmann, V. (1978). *Theorie der kognitiven Dissonanz*. Bern: Huber.

Fishbein, M., & Ajzen, I. (1975). *Belief, attitude, intention and behavion: an introduction to theory and research* Massachusetts: Reading, Mass.: Addison-Wesley Pub. Co.

Fourastié, J. (1954). *Die große Hoffnung des zwanzigsten Jahrhunderts* (Vol.). Köln: Bund-Verlag.

Franck, G. (1998). *Ökonomie der Aufmerksamkeit: Ein Entwurf*. München: Hanser.

Freter, H. (1983). *Marktsegmentierung*. Stuttgart et al.: Kohlhammer.

Frey, H., & Hausser, K. (1987). Entwicklungslinien sozialwissenschaftlicher Identität. In H. Frey & K. Hausser (Eds.), *Identität*. Stuttgart: Enke.

Freyer, W. (1998). *Tourismus: Einführung in die Fremdverkehrsökonomie* (6 ed.). München / Wien: Oldenbourg.

Freyer, W. (2009). *Tourismus-Marketing, Marktorientiertes Management im Mikro- und Makrobereich der Tourismuswirtschaft*. München: Oldenbourg.

Friesen, M. (2008). *Wahrgenommene Preisfairness bei Revenue Management: eine verhaltenswissenschaftliche und empirisch gestützte Untersuchung der zeitlichen Veränderung im Kaufentscheidungsprozess einer Luftverkehrsdienstleistung*. Dissertation an der Universität St. Gallen.

Fritzsimmons, J. A., & Fritzsimmons, M. J. (2006). *Service Management: operations, strategy, information technology* (5 ed.). Boston: McGraw-Hill / Irwin.

Füglistaller, U. (2001). *Tertiarisierung und Dienstleistungskompetenz in schweizerischen Klein- und Mittelunternehmen (KMU) : konzeptionale Näherung und empirische Fakten*. St. Gallen: Verlag KMU HSG.

Gartner. (2011). Gartner's 2011 Hype Cycle Special Report Evaluates the Maturity of 1,900 Technologies.

Gassmann, O., & Bader, M. A. (2006). *Patentmanagement: Innovationen erfolgreich nutzen und schützen*. Berlin: Springer.

Gomez, P. (1981). *Modelle und Methoden des systemorientierten Managements eine Einführung*. Bern: Haupt.

Gomez, P. (1999). *Unternehmensorganisation: Profile, Dynamik, Methodik (St. Galler Management-Konzept)* (4 ed.). München: Campus Verlag.

Gomez, P., & Probst, G. (1997). *Die Praxis der ganzheitlichen Problemlösens: vernetzt denken, unternehmerisch handeln, persönlich überzeugen* (2 ed.). Bern: Haupt.

Goodall, B. (1988). How Tourists choose their holidays. An Analytical Framework. In B. Goodall & G. Ashworth (Eds.), *Marketing in the Tourism Industry* (pp. 1–17). London / New York: Croom Helm.

Grönross, C. (1990). *Service Management and Marketing: Managing Moments of Truth in Service Competition*. Lexington, MA: Lexington.

Gross, P. (1994). *Die Multioptionsgesellschaft*. Frankfurt am Main: Suhrkamp.

Gutenberg, E. (1971). *Grundlagen der Betriebswirtschaftslehre, Band 1, Die Produktion* (18. Aufl.). Berlin: Springer Verlag. Hammer, M., & Champy, J. (1995). *Business Reengineering: Die Radikalkur für das Unternehmen*. Frankfurt / New York: Campus.

Hauff, V. (1987a). Unsere gemeinsame Zukunft- Der Brundtland-Bericht der Weltkommission für Umwelt und Entwicklung.

Hauff, V. (1987b). *Unsere gemeinsame Zukunft: Der Brundtland-Bericht der Weltkommission für Umwelt und Entwicklung*. Greven: Eggenkamp.

Hausser, K. (1995). *Identitätspsychologie*. Berlin / Heidelberg: Springer.

Heckhausen, J., & Heckhausen, H. (2010). *Motivation und Handeln* (4 ed.). Heidelberg: Springer Verlag.

Heider, F. (1958). *The Psychology of Interpersonal Relations*. New York: Wiley.

Helson, H. (1964). *Adaptation level theory*. New York: Harper & Row.

Hermanns, A., & Sauter, M. (1999). *Management-Handbuch Elektronic Commerce: Grundlagen, Strategien, Praxisbeispiele*. München: Vahlen Verlag.

Heuskel, D. (1999). *Wettbewerb jenseits von Industriegrenzen: Aufbruch zu neuen Wachstumsstrategien*. Frankfurt / New York: Campus.

Hill, W. (1985). Betriebswirtschaftslehre als Managementlehre. In R. Wunderer (Ed.), *Betriebswirtschaftslehre als Management und Führungslehre*. Stuttgart: Schäffer-Poeschel.

Hill, W., & Rieser, I. (1993). *Marketing Management* (2 ed.). Bern: Haupt.

Hofstede, G. (1980). *Culture's consequences: International differences in work-related values*. Newbury Park, CA: Sage.

Horváth, P. (1996). *Controlling* (6 ed.). München: Vahlen.

Horx, M. (1996). *Trendbuch 2: Megatrends für die späten neunziger Jahre* (2 ed.). Düsseldorf: Econ.

Horx, M., & Wippermann, P. (1996). *Was ist Trendforschung?* Düsseldorf: Econ.

Huber, F., Herrmann, A., & Wricke, M. (2000). Behavioral Pricing: Erklärungs- und Operationalisierungsansätze des Referenzpreiskonzepts. *Wissenschaftliches Studium, 29*(12), 692–697.

Huntington, S. P. (1996). *Kampf der Kulturen: The clash of civilizations: Die Neugestaltung der Weltpolitik im 21. Jahrhundert.* München/Wien: Europa-Verlag.

Interbrand. (2014). *Best Global Brands 2014.* Köln.

Johnston, R. (1995). The determinants of service quality – satisfiers and dissatisfiers. *International Journal Of Service Industry Management, 6*(5), 53.

Jonas, A., Mansfeld, Y., Paz, S., & Potasman, I. (2011). Determinants of Health Risk Perception Among Low-risk-taking Tourists Traveling to Developing Countries. *Journal of Travel Research, 50.*

Kaas, K. P. (2001). Marketing-Mix In H. Diller (Ed.), *Vahlens Großes Marketing Lexikon* (2 ed., pp. 1002–1006). München: Vahlen.

Karg, M. (2001). *Kundenakquisition als Kernaufgabe im Marketing.* St. Gallen: Thexis.

Kawakami, T., Kishiya, K., & Parry, M. E. (2013). Personal Word of Mouth, Virtual Word of Mouth and Innovation Use. *Journal of Product Innovation Management, 30*(1), 17–30.

Kirchgässer, G. (2000). *Homo economicus: Das ökonomische Modell individuellen Verhaltens und seine Anwendung in den Wirtschafts- und Sozialwissenschaften* (2 ed.). Tübingen: Mohr Siebeck.

Kleinaltenkamp, M., & Plinke, W. (1995). *Technischer Vertrieb.* Berlin / Heidelberg: Springer.

Knorr-Cetina, K. (1989). Spielarten des Konstruktivismus. *Soziale Welt, 1,* 86–96.

Knyphausen-Aufsess, D. z., & Meinhardt, Y. (2002). Revisiting Strategy: Ein Ansatz zur Systematisierung von Geschäftsmodellen. In T. B. e. al (Ed.), *Zukünftige Geschäftsmodelle: Konzept und Anwendung in der Netzökonomie* (pp. 63–89). Berlin et al.: Springer.

Köhler, R. (1993). *Beiträge zum Marketing-Management* (3 ed.). Stuttgart: Schäffer-Poeschel.

Koppelmann, U. (2000). *Produktmarketing. Entscheidungsgrundlagen für Produktmanager* (6 ed.). Berlin: Springer.

Kotler, P. (1982). *Marketing-Management: Analyse, Planung und Kontrolle* (4 ed.). Stuttgart: Poeschel Verlag.

Kotler, P., & Bliemel, F. (1999). *Marketing-Management: Analyse, Planung, Umsetzung und Steuerung* (9 ed.). Stuttgart: Schäffer-Poeschel

Kotler, P., & Bliemel, F. (2001). *Marketing Management: Analyse, Planung und Verwirklichung* (10 ed.). Stuttgart: Schäffer-Poeschel.

Kotler, P., Bliemel, F., & Keller, K. L. (2007). *Grundlagen des Marketing* (12 ed.). München: Pearson Studium.

Kotler, P., & Keller, K. L. (2012). *Marketing-Management* (14 ed.). New Jersey: Pearson Education.

Kroeber-Riel, W., & Weinberg, P. (1999). *Konsumentenverhalten* (7 ed.). München: Vahlen.

Kühn, R. (1985). Marketing-Instrumente zwischen Selbstverständlichkeit und Wettbewerbsvorteil – Das Dominanz-Standard-Modell *Thexis, 2*(4), 16–21.

Kühn, R. (1997). *Marketing – Analyse und Strategie* (3 ed.). Zürich: TA-Media AG.

Kumar, V., & George, M. (2007). Measuring and Maximizing Customer Equity: A Critical Analysis. *Journal of the Academy of Marketing Science, 35*(2), 157-171.

Kuss, A. (2006). *Marketing-Einführung, Grundlagen, Überblick, Beispiele* (3 ed.). Wiesbaden: Gabler.

Kuss, A., & Tomczak, T. (2001). *Marketingplanung. Einführung in die marktorientierte Unternehmens- und Geschäftsfeldplanung* (2 ed.). Wiesbaden: Gabler.

Kuss, A., & Tomczak, T. (2007). *Käuferverhalten: eine marktorientierte Einführung* (4 ed.). Stuttgart: Lucius und Lucius.

Laesser, C. (2012). *Tourism System, Tourism Demand & Motivation.* Tourism Systems, (54). St. Gallen.

Laesser, C., & Bieger, T. (2007). Travel Market Switzerland 2007 – Basic Report and Database Specification. St. Gallen: Institut for Systemic Management and Public Governance – University of St. Gallen.

Lehmann, A. (1993). *Dienstleistungsmanagement: Strategien und Ansatzpunkte zur Schaffung von Servicequalität.* Stuttgart / Zürich: Schäffer-Poeschel.

Leonard-Barton, D. (1995). *Wellsprings of Knowledge: Building and Sustaining the Sources of Innovation.* Boston, Mass.: Harvard Business School Press.

Lewis, E. (1903). Catch-Line and Argument. *The Book-Keeper, 15*, S. 124.

Li, F., & Nicholls, J. A. F. (2000). Transactional or Relationship Marketing: Determinants of Strategic Choices. *Journal of Marketing Management, 16*, 449–464.

Liebl, F. (1996). Ethnografischer Surrealismus und soziale Meteorologie: Zum State-of-the-Art Trend- und Zukunftsforschung. *GDI-Impuls, 4*, 35–43.

Littig, B., & Grießler, E. (2004). *Soziale Nachhaltigkeit*. Wien: Kammer für Arbeiter und Angestellte für Wien

Lovelock, C. H. (1992). *Managing Services*. Englewood Cliffs: Prentice-Hall.

Luckmann, T. (1979). Persönliche Identität, soziale Rollen und Rollendistanz. In O. Marquard & K. Stierle (Eds.), *Identität*. München: Fink.

Lusch, R. F., & Vargo, S. L. (2006). Service Dominant Logic: Reactions, Reflections, and Refinements. *Marketing Theory, 6*(3), 281–288.

Maak, T. (2007). Responsible leadership, stakeholder engagement, and the emergence of social capital *Journal of Business Ethics 106*(4), 329–343.

Marsh, H. W., & Shavelson, R. (1985). Self-Concept: Its Multifaceted, Hierarchical Structure. *Educational Psychologist, 20*(3), 107–123.

Matzler, K. (2000). Customer Value Management. *Die Unternehmung, 54*(4), 289–308.

Matzler, K., Pechlaner, H., & Siller, H. (2001). Die Ermittlung von Basis-, Leistungs- und Begeisterungsfaktoren der Gästezufriedenheit. *Tourismus Journal, 5*, 545–569.

Mauch, W. (1990). Bessere Kundenkontakte dank Sales Cycle. *Thexis, 7*(1), 15–18.

McCarthy, J. (1960). *Basic Marketing: A managerial approach*. Illinois: Homewood.

Meffert, H. (1974). *Absatzpolitik*. 2 Bände. Münster.

Meffert, H. (1980). *Marketing im Wandel – Anforderungen an das Marketing-Management der 80ger Jahre*. Wiesbaden: Gabler Verlag.

Meffert, H. (2000). *Marketing : Grundlagen marktorientierter Unternehmensführung : Konzepte – Instrumente – Praxisbeispiele : mit neuer Fallstudie VW Golf* (9 ed.). Wiesbaden: Gabler.

Meffert, H., & Bruhn, M. (2000). *Dienstleistungsmarketing: Grundlagen – Konzepte – Methoden. Mit Fallstudien.* (3 ed.). Wiesbaden: Gabler Verlag.

Meffert, H., Burmann, C., & Kirchgeorg, M. (2008). *Marketing: Grundlagen marktorientierter Unternehmensführung: Konzepte- Instrumente- Praxisbeispiele: mit neuer Fallstudie VW Golf* (9 ed.). Wiesbaden: Gabler.

Meyer, H. H. (1984). Distributionsstrategien. In N. Wieselhuber & A. Töpfer (Eds.), *Handbuch Strategisches Management*. Landsberg a. L.: Verlag Moderne Industrie.

Middleton, V. T. C. (1994). *Marketing in Travel and Tourism* (2 ed.). Oxford.

Mues, F. (1990). Information by event. *Absatzwirtschaft*, 84–89.

Murray, K. B. (1991). A Test of Service Marketing Theory: Consumer Information Acquisition Activities. *Journal of Marketing*, 55(1), 10–25.

Naisbitt, J. (1984). *Megatrends: 10 Perspektiven, die unser Leben verändern werden* Bayreuth: Hestia.

Ng, I. (2008). *The pricing and revenue management of services. A strategic approach*. London: Routledge.

Nickel, O. (2005). *Eventmarketing* (2 ed.). München: Vahlen.

Nieschlag, R., Dichtl, E., & Hörschgen, H. (1997). *Marketing* (18 ed.). Berlin: Dunker und Humblot.

Normann, R. (1991). *Service Management: Strategy and Leadership in Service Business* (2 ed.). Chichester: Wiley.

Österle, H. (1995). *Business Engineering: Prozess- und Systementwicklung* (3 ed.). Berlin Springer

Osterloh, M., & Frost, J. (1996). *Prozessmanagement als Kernkompetenz: wie Sie Business Reengineering strategisch nutzen können*. Gabler: Wiesbaden.

Padula, G., & Dagnino, G. B. (2007). Untangling the Rise of Coopetition: The Intrusion of Competition in a Cooperative Game Structure. *International Studies of Management & Organization*, 37(2), 32–52.

Panzar, J. C., & Willig, R. D. (1981). Economies of Scope. *The American Economic Review*, 71(2), 268–272.

Pechtl, H. (2005). *Preispolitik*. Stuttgart: Lucius & Lucius.

Perry, A. R., & Langley, C. (2013). Even with the Best of Intentions: Paternal Involvement and the Theory of Planned Behavior. *Family Process*.

Petermann, G. (1963). *Marktstellung und Marktverhalten des Verbrauchers*. Wiesbaden: Gabler.

Pine, B. J., & Gilmore, J. H. (2011). *«The» experience economy*. Boston, Mass: Harvard Business Review Press.

Pless, N., & Maak, T. (2008). Responsible Leadership – Verantwortliche Führung im Kontext einer globalen Stakeholder-Gesellschaft. *Zeitschrift für Wirtschafts- und Unternehmensethik, 9*(2), 222–243.

Plinke, W., & Söllner, A. (1995). Gestaltung des Leistungsentgelts. In M. Kleinaltenkamp & W. Plinke (Eds.), *Technischer Vertrieb* (pp. 831–921). Berlin: Springer.

Plötner, O. (1995). Die Gestaltung der Kommunikationsleistung. In M. Kleinaltenkamp & W. Plinke (Eds.), *Technischer Vertrieb. Grundlagen des Business-to-Business Marketing* (pp. 785–828). Berlin: Springer.

Pompl, W. (2002). *Luftverkehr* (4 ed.). Berlin: Springer.

Porter, M. E. (1986). *Wettbewerbsvorteile (Competitive Advantage): Spitzenleistungen erreichen und behaupten* (4 ed.). Frankfurt/New York: Campus.

Pümpin, C., & Prange, J. (1991). *Management der Unternehmensentwicklung. Phasengerechte Führung und der Umgang mit Krisen.* Frankfurt/New York: Campus.

Reichheld, F., & Sasser, W. E. (1990). Zero-Defections: Quality Comes to Services. *Harvard Business Review, 13*(4), 105–111.

Reimer, A. (2004). *Die Bedeutung des Dienstleistungsdesign für den Markterfolg.* Bern: Haupt.

Reinecke, S., & Janz, S. (2007). *Marketingcontrolling: Sicherstellen von Marketingeffektivität und -effizienz.* Stuttgart: Kohlhammer.

Reinecke, S., & Reibstein, D. J. (2001). Marketing Performance Measurement – Einsatz von Marketingkennzahlen in den USA und in Kontinentaleuropa. In S. Reinecke, T. Tomczak & G. Geis (Eds.), *Handbuch Marketingcontrolling* (pp. 144–168). St. Gallen: Thexis.

Richins, M. (1983). Negative Word-of-Mouth by Dissatisfied Customers: A Pilot Study. *Journal of Marketing, 47*(1), 68–78.

Riklin, T. (2010). *Markenrepositionierung – zwischen Trading Up und Trading Down.* Dissertation, Universität St. Gallen, St. Gallen.

Roehl, W., & Fesenmaier, D. (1992). Risk Perceptions and Pleasure Travel: An Exploratory Analysis. *Journal of Travel Research, 25*(3), 551–578.

Romeiss-Stracke, F. (1995). *Service Qualität im Tourismus.* München: ADAC.

Rosenstiel, L., & Neumann, P. (1991). *Einführung in die Markt und Werbepsychologie* (2 ed.). Darmstadt: Wissenschaftliche Buchgesellschaft.

Rosenstiel, L. v., & Kirsch, A. (1996). *Psychologie der Werbung.* Rosenheim: Komar.

Rudolf-Sipötz, E., & Tomczak, T. (2001). Kundenwert in Forschung und Praxis. In C. Belz & T. Tomczak (Eds.), *Thexis Fachbericht für Marketing* (Vol. 2). St. Gallen.

Rüegg-Stürm, J. (2003). *Das neue St.Galler Management-Modell. Grundkategorien einer integrierten Managementlehre: Der HSG-Ansatz* Bern: Haupt.

Rüegg-Stürm, J. (2009). Das neue St. Galler Managementmodell. In R. Dubs, D. Euler, J. Rüegg-Stürm & C. E. Wyss (Eds.), *Einführung in die Managementlehre* (pp. 65–134). Bern: Haupt.

Rüegg-Stürm, J., & Grand, S. (2013). *Das St. Galler Management-Modell – eine systemisch-integrative Perspektive auf Organisation und Management.* Bern: Haupt.

Rüegg-Stürm, J., & Grand, S. (2014). *Das St. Galler Management-Modell – 4. Generation – Einführung.* Bern: Haupt.

Rüegg-Stürm, J., & Grand, S. (2015). *Das St. Galler Management-Modell.* Unveröffentlichter Entwurf.

Ruigrok, W. (2009). Management im Zeitalter der Globalisierung. In R. Dubs, D. Euler, J. Rüegg-Stürm & C. E. Wyss (Eds.), *Einführung in die Managementlehre* (2 ed., pp. 489–505). Bern: Haupt.

Rust, R. T., Lemon, K. N., & Zeithaml, V. A. (2004). Return on Marketing: Using Customer Equity to Focus Marketing Strategy. *Journal of Marketing 68*(1), 109–127.

Samuelson, P., & Nordhaus, W. (1989). *Economics.* New York.

Samuelson, P. A. (1961). *Economics- An Introductory Analysis* (5 ed.). New York: McGraw Hill.

Sarris, V. (1971). *Wahrnehmung und Urteil.* Göttingen: Hogrefe.

Savitz, A. W., & Weber, K. (2006). *The triple bottom line: How today's best-run companies are achieving economic, social, and environmental success – and how you can too.* San Francisco: Jossey-Bass.

Schedler, K. (2012). Multirationales Management – Ansätze eines relativistischen Umgangs mit Rationalitäten in Organisationen. *Zeitschrift für Public Policy, Recht und Management, 5*(2), 361–376.

Schedler, K., & Gross, M. (2011). Rationalitäten in Verwaltung und Politik. *IMP-HSG.*

Schmidheiny, S. (1992). *Kurswechsel. Globale unternehmerische Perspektiven für Entwicklung und Umwelt.* München: Artemis & Winkler.

Schmidt, R. E., Bach, U., & Österle, H. (2000). *Customer Relationship Management in der Praxis.* Berlin / Heidelberg: Springer.

Schögel, M. (2012). *Distributionsmanagement – Das Management von Absatzkanälen.* München: Vahlen.

Schumpeter, J. (1934). *Theorie der wirtschaftlichen Entwicklung* (4 ed.). Leipzig: Duncker & Humblot.

Schumpeter, J. A. (1912). *Theorie der wirtschaftlichen Entwicklung*. Leipzig: Duncker & Humblot.

Schumpeter, J. A. (1928). Unternehmer. In L. Elster, A. Weber & F. Wieser (Eds.), *Handwörterbuch das Staatswissenschaften (Band 8)* (4 ed., pp. 476–487). Jena: Fischer.

Schwaninger, M. (1990). Wege zu einem integralen Management. *Harvard Management, 1*, 42–52.

Schwaninger, M. (1994). *Managementsysteme, St. Galler Managementkonzept* (Vol. 4). Frankfurt/New York: Campus.

Schwaninger, M. (2009). Was ist ein Modell? In R. Dubs, D. Euler, J. Rüegg-Stürm & C. E. Wyss (Eds.), *Einführung in die Managementlehre* (2 ed., pp. 53–60). Bern: Haupt.

Seghezzi, H. D., Fahrni, F., & Hermann, F. (2007). *Integriertes Qualitätsmanagement der St. Galler Ansatz*. München: Hanser.

Seidenschwarz, W., & Gleich, R. (2001). Controlling und Marketing als Schwesterfunktionen – Balanced Scorecard und marktorientiertes Kostenmanagement als verbindende Konzepte. In S. Reinecke, T. Tomczak & G. Geis (Eds.), *Marketing Controlling – Marketing als Treiber von Wachstum und Erfolg* (pp. 614–676). St. Gallen: Thexis.

Shane, S. (2003). *A general theory of entrepreneurship*. Cheltenham: Edward Elgar.

Shimp, T. A. (1993). *Promotion Management and Marketing Communications*. Chicagou: Harcourt Brace Jovanovich College Publishers.

Siems, F. (2009). *Preismanagement: Konzepte – Strategien – Instrumente*. München: Vahlen.

Simon, H. (1991). Bounded Rationality and Organizational Learning. *Organization Science, 2*(1), 125–134.

Simon, H. (1992). *Preismanagement* (2 ed.). Wiesbaden: Gabler.

Smith, A. (1976). *Der Wohlstand der Nationen – eine Untersuchung seiner Natur und seiner Ursachen*. München: DTV.

Solomon, M. (2009). *Consumer Behavior – Buying, Having, and Being* (3 ed.). New Jersey: Pearson.

Specht, G. (1998). *Distributionsmanagement* (3 ed.). Stuttgart et. al.: Kohlhammer.

Specht, G., & Fritz, W. (2005). *Distributionsmanagement*. Stuttgart: Kohlhammer.

Spoun, S. (2011). *Erfolgreich studieren* (2., aktualisierte Aufl.). München: Pearson Studium.

Stewart, A. M. (1997). *Mitarbeitermotivation durch Empowerment.* Niederhausen: Falken.

Suchanek, A., Lin-Hi, N. & Piekenbrock, D. (Hrsg.). (2015). *Gabler Wirtschaftslexikon.* Abgerufen unter http://wirtschaftslexikon. gabler.de

System. (2015). In Suchanek, A., Lin-Hi, N. & Piekenbrock, D. (Hrsg.). *Gabler Wirtschaftslexikon.* Abgerufen unter http://wirtschaftslexikon.gabler.de/Archiv/3210/system-v12.html

Teece, D.J., Pisano, G., & Shuen, A. (1997). Dynamic capabilities and stratetic management. *Strategic Management Journal, 18*(7), 509–533.

Toffler, A. (1983). *Die dritte Welle, Zukunftschance. Perspektiven für die Gesellschaft des 21. Jahrhunderts.* München: Goldmann.

Tomczak, T. (1991). *Das Management indirekter Distributionssysteme.* habil. Schrift, Universität St. Gallen.

Tomczak, T., Bieger, T., Schuh, G., Friedli, T., Fahrni, F., & Reinecke, S. (2009). Struktur der Geschäftsprozesse. In R. Dubs, D. Euler, J. Rüegg-Stürm & C. E. Wyss (Eds.), *Einführung in die Geschäftsprozesse* (pp. 61–113). Bern: Haupt.

Tomczak, T., & Dittrich, S. (1997). *Marketing-Instrumentarium.* Skript HSG, St. Gallen.

Tomczak, T., Kuss, A., & Reinecke, S. (2007). *Marketingplanung – Einführung in die marktorientierte Unternehmens- und Geschäftsfeldplanung.* Wiesbaden: Gabler.

Trommsdorff, V. (2004). *Konsumentenverhalten.* Stuttgart: Kohlhammer.

Tucker, S. H. (1966). *Pricing for higher Profit: Criteria, Methods, Applications.* New York et al.: McGraw-Hill.

Ulrich, H. (1968). *Unternehmensorganisation* (2 ed.).

Ulrich, H., & Krieg, W. (1972). *St. Galler Management Modell.* Bern: Haupt.

Ulrich, P., Hill, W., & Fehlbaum, R. (1994). *Organisationslehre* (5 ed.). Bern: Haupt.

Vargo, S. L., & Lusch, R. F. (2004). Evolving to a New Dominant Logic for Marketing. *Journal of Marketing, 68*(1), 1–17.

Veblen, T. (1899). *The theory of the leisure class: an economic study in the evolution of institutions.* Düsseldorf: Verlag Wirtschaft und Finanzen.

Verhoef, P. C., & Franses, P. H. (2003). Combining revealed and stated preferences to forecast customer behaviour: three case studies. *International Journal of Market Research, 45*(4), 467–477.

Vester, F. (1986). *Unsere Welt – ein vernetztes System.* München: Deutscher Taschenbuchverlag.

Vogt, C. A., & Fesenmaier, D. R. (1998). Expanding the Functional Information Search Model. *Annuals of Tourism Research, 25*(3), 551–578.

Voss, G. B., Parasuraman, A., & Grewal, D. (1998). The Role of Price, Performance, and Expectations in Determining Satisfaction in Service Exchanges. *62*(46–61).

Weick, K. E. (1979). *The Social Psychology of Organizing* (2 ed.). Columbus: Mc Graw Hill Education.

Weiermair, K. (1997). On the concept and definition of quality in tourism. *St. Gallen: AIEST, 39,* 33-58.

Weinhold-Stünzi, H. (1972). *Grundlagen moderner Marketingkonzepte.* St. Gallen: Verlag für Marketing und Distribution.

Weinhold-Stünzi, H. (1994). *Marketing in 20 Lektionen* (27 ed.). St. Gallen: Fachmed AG.

Welfens, P. J. J. (2011). *Innovations in macroeconomics* (3 ed.). Berlin: Springer.

Williamson, O. E. (1996). Transaktionskostenökonomik. In D. et al. (Ed.), *Ökonomische Theorien der Institutionen* (Vol. 2). Hamburg: Lit Verlag.

Williamson, O. E. (1998). Transaction Cost Economics: How It Works; Where It is Headed. *The Economist, 146*(1), 23-58.Williamson, O. E., & Masten, S. (1995). *Transaction cost economics.* Aldershot: Elgar.

Winkler, K., Reinmann-Rothmeier, G., & Mandl, H. (2000). *Learning-Communities und Wissensmanagement.* München: Lehrstuhl für empirische Pädagogik und pädagogische Psychologie an der LMU

Wirtz, J., & Kimes, S. (2007). The Moderating Role of Familiarity in Fairness Perceptions of Revenue Management Pricing. *Journal of Service Research, 9*(3), 229–240.

Wöhe, G., & Döring, U. (2005). *Einführung in die allgemeine Betriebswirtschaftslehre* (22 ed.). München: Vahlen.

Woodruff, R. B. (1997). Customer value: The next source for competitive advantage. *Journal of the Academy of Marketing Science, 25*(2), S.142.

Yankelovich, D. (1964). New Criteria for Market Segmentation. *Harvard Business Review 42*(6), 83–90.

Zeithaml, V. A. (1998). Consumer Perceptions of Price, Quality and Value: A Means-end model and Synthesis of Evidence. *Journal of Marketing, 52*(1), 2–22.

Zeithaml, V. A., Berry, L. L., & Parasuramann, A. (1985). Problems and Strategies in Service Marketing. *Journal of Marketing, 49*(2), 31–46.

Zeithaml, V. A., Berry, L. L., Parasurman, A., & Rastalsky, H. J. H. (1992). *Qualitätsservice. Was Ihre Kunden erwarten – was Sie leisten müssen.* Frankfurt/New York: Campus.

Zhang, M., & Bell, P. (2012). Price fencing in the practice of revenue management: An overview and taxonomy. *Journal of Revenue & Pricing Management, 11*(2), 146–159.

Stichwortverzeichnis